FORSCHUNGSBERICHTE
DES WIRTSCHAFTS- UND VERKEHRSMINISTERIUMS
NORDRHEIN-WESTFALEN

Herausgegeben von Staatssekretär Prof. Leo Brandt

Nr. 239

K. Leist, H. Flottmann, H. Scheele

Institut für Turbomaschinen der Technischen Hochschule Aachen

Versuche an einem neuartigen luftgekühlten Hochleistungs-Kolbenkompressor

Als Manuskript gedruckt

WESTDEUTSCHER VERLAG / KÖLN UND OPLADEN

1956

ISBN 978-3-663-03881-8   ISBN 978-3-663-05070-4 (eBook)
DOI 10.1007/978-3-663-05070-4

Forschungsberichte des Wirtschafts- und Verkehrsministeriums Nordrhein-Westfalen

G l i e d e r u n g

I. Gestaltungsfragen . . . . S. 5

   1. Eigenschaften und Vorteile der neuen Bauart . . . . S. 5

   2. Einzelheiten der Kompressorkonstruktion . . . . S. 9

II. Durchgeführte Messungen . . . . S. 13

   1. Versuchsaufgabe und Versuchsanordnung . . . . S. 13

   2. Versuchsdurchführung . . . . S. 17

   3. Meßgrößen . . . . S. 17

   4. Versuchsauswertung . . . . S. 18

   5. Beurteilung der Versuchsergebnisse . . . . S. 22

   6. Zusammenfassung . . . . S. 4o

   7. Tabellen . . . . S. 41

Forschungsberichte des Wirtschafts- und Verkehrsministeriums Nordrhein-Westfalen

I. Gestaltungsfragen

1. Eigenschaften und Vorteile der neuen Bauart

Für die Entwicklung einer modernen Kompressoranlage ist die genaue Kenntnis des hauptsächlichen Verwendungszweckes derselben von ausschlaggebender Bedeutung. Die neuzeitliche Entwicklung von Kraft- und Arbeitsmaschinen strebt weitgehend dabei eine Vergrößerung der Drehzahl mit dem Ziel einer Verbesserung der Raumausnutzung und einer Verkleinerung des Leistungsgewichtes an. So ist es auch das Ziel des Kolbenkompressor-Konstrukteurs, die Drehzahlen der Verdichter zu steigern. Jedoch sind dem vorerst hier einige Grenzen gesetzt. Die geringere Lebensdauer der selbsttätigen Kompressor-Ventile und die zunehmend kleiner werdende Füllung durch Drosselung, besonders im Saugventil, verhindern praktisch zur Zeit noch, daß der Kolbenkompressor mit der steigenden Drehzahl der Antriebsmaschine Schritt hält. Besonders bei dem direkten Antrieb durch Verbrennungsmotoren ist man gezwungen, die Drehzahl der an sich hochtourigen Verbrennungsmotoren herabzusetzen, und es entstehen dadurch verhältnismäßig schwere Aggregate.

Kompressoren werden hauptsächlich für Drücke von 4 - 6 atü verlangt. Da aber heute auch zunehmend höhere Drücke (zum Teil bis 1o atü) gebraucht werden, ist mit einstufigen Verdichtern der gewohnten Bauart wegen des erhöhten Verdichtungsverhältnisses nicht mehr auszukommen. Die Grenze für die einstufige Verdichtung ist durch die Kompressor-Endtemperatur gegeben. Steigt sie zu hoch an, kann dieses nachteilige Folgen für die Maschine haben. Das vom Kurbeltrieb durch die Luft mitgerissene Öl neigt bei zu hohen Verdichtungstemperaturen zur Bildung von Ölkohle, die sich vorwiegend an den Druckventilfängern ansetzt und allmählich die freien Querschnitte zuwachsen läßt. Dieses führt schließlich zu thermischen Überlastungen und zum Maschinenschaden.

Aus diesem Grunde setzt die für das Baugewerbe und für den Bergbau verbindliche Unfall-Verhütungs-Vorschrift [Abschnitt 1o, § 17, (1) und (2)][1] dem Verdichtungsverhältnis einer einstufigen Kompression dadurch eine Grenze, daß sie die zulässige Temperatur am Austrittsstutzen aus dem Kompressor auf 2oo °C festlegt.

---
1. Fußnote siehe Seite 6

Dieser Umstand macht bisher bei hohem Verdichtungsverhältnis eine zweistufige Verdichtung mit Zwischenkühlung erforderlich. Da andererseits schnellaufende Maschinen wegen des Massenausgleichs vorzugsweise mehrzylindrig ausgeführt werden (beispielsweise in V-Anordnung mit entsprechender Kurbelversetzung), hat sich eine Bauweise eingebürgert, die bei 4 bzw. 8 gleichen Zylindern 1 bis 2 Zylinder für die zweite Stufe abzweigt. Bei einer solchen zweistufigen Maschine wird nur mit 3 bzw. 6 Zylindern atmosphärische Luft angesaugt und auf einen bestimmten Zwischendruck verdichtet. Die vorverdichtete Luft durchläuft zur Rückkühlung einen Zwischenkühler und wird schließlich von dem bzw. den Zylindern der zweiten Stufe auf den verlangten Enddruck verdichtet. Diese zweistufige Bauart hat aber gerade im normalen Verwendungsgebiet zwischen 4 und 6 atü gegenüber der einstufigen Verdichtung eine Reihe von Nachteilen. Es tritt bei diesen Drücken noch eine empfindliche Leistungsminderung in Bezug auf die Liefermenge gegenüber einer einstufigen Maschine mit gleicher Gesamtzylinderzahl und somit gleicher Baugröße auf. Der zweimalige Ventildurchgang bringt Verluste, die besonders bei niedrigen Drücken durch den Vorteil der thermodynamisch günstigeren zweistufigen Verdichtung nicht ausgeglichen werden können. Auch sind die mechanischen Verluste dieser Bauart größer. Die Zylinder der zweiten Stufe bestimmen dominierend die Charakteristik des Drehkraftdiagrammes, das dadurch ungleichmäßiger wird und größere zeitlich weiter auseinanderliegende Spitzen aufweist.

Eine größere Ungleichförmigkeit mit schwierigen Antriebsverhältnissen oder schwerere Schwungräder und somit ein höheres Gewicht sind die zwangsläufigen Folgen.

Aus der genauen Kenntnis des eben Geschilderten hat die Flottmann-Werke G.m.b.H. eine neuartige Bauart entwickelt, die es gestattet, einstufig bis zu einem Verdichtungsverhältnis von 1 : 11 zu komprimieren [2]. Der

---

1. § 17 (1) Die Temperatur gepreßter Luft darf, unmittelbar am Druckstutzen der einzelnen Stufen gemessen, 160 °C nicht überschreiten. Zum Messen müssen zuverlässige Thermometer an dem Druckstutzen so angebracht sein, daß die Temperatur richtig angezeigt wird. Ist bei kleinen Maschinen diese Anordnung der Meßeinrichtung nicht möglich, darf die Meßstelle unmittelbar hinter dem Kompressor in der Druckleitung liegen. (2) Bei einstufigen Luftkompressoren darf die Lufttemperatur 200 °C erreichen. Das gleiche gilt für mehrstufige Luftkompressoren bei intermittierendem Betrieb.
2. Bei üblicher einstufiger Bauart darf normalerweise das Verdichtungsverhältnis 1 : 7 nicht übersteigen (Temperaturgrenze 200 °C)

Kompressor ist in V-Anordnung gebaut und für den Regelfall für eine Drehzahl von n = 1000 - 1200 U/min und einen Betriebsdruck bis zu 8 atü ausgelegt.

Diese Bauart gestattet ohne weiteres auch einen längeren Betrieb mit erhöhten Drehzahlen bis n = 1500 U/min und mit Gegendrücken bis 10 atü, ohne dabei gegen die Unfall-Verhütungs-Vorschriften zu verstoßen. Die neue Konstruktion zielt hierbei, wie im Folgenden geschildert wird, darauf ab, durch eine Kühlung der verdichteten Luft schon vor den Druckventilen diese vor thermischer Überlastung zu schützen. Ein senkrecht angeordnetes Axialgebläse (DBPa) bewirkt bei dieser Ausführung eine intensive Wärmeabfuhr bereits vor den Druckventilen.

Den Kern der durch DBP geschützten Konstruktion bildet eine neuartige Ventilanordnung, die sich organisch in die Konstruktion des ganzen Kompressors einfügt. Ein zweckmäßig gestalteter Ventilkörper, der das Druckventil und unten zentral das Saugventil trägt, besitzt einen konzentrisch um den Saugkanal sich erstreckenden, in radialer Richtung von Kühlluft durchströmten Raum (Abb. 1). Der Kühlluftstrom wird an den Außenwänden dieses zentral liegenden, strömungsgünstigen Saugkanals umgelenkt und verläßt in axialer Richtung nach oben durch den Zylinderkopf den Kompressor. Den gleichen Raum muß auch die vom Zylinder kommende heiße Druckluft, ehe sie das konzentrische Druckventil erreicht, aber in axialer Richtung in einer großen Anzahl von Kupferröhrchen durchströmen. Dort findet die Kühlung der heißen Druckluft statt, und, wie gesagt, bereits vor dem Erreichen des Druckventils. Die Kühlung ist wegen der dort herrschenden hohen Luftgeschwindigkeiten der Kühlluft wie auch der komprimierten Luft besonders wirksam. Im Zylinderkopf sammelt sich in einem ringförmigen Raum die Druckluft; gleichzeitig wird dem Saugventil durch den zentral im Ventilkörper liegenden Ansaugeluftkanal die Saugluft zugeführt. Der Ansaugeluftkanal besitzt mit dem ihn umgebenden Druckluftringraum keine gemeinsame Wand, sondern diese beiden Räume werden durch einen Ringzylinder getrennt, in dem die von dem Ventilkörper kommende Kühlluft einmündet, um nach oben den Zylinderkopf zu verlassen. Hierdurch wird ein direkter Wärmeübergang von der Druckluft auf die angesaugte Luft verhindert.

Diese Konstruktion hat aber noch einen weiteren Vorteil. Dichtungsschwierigkeiten, wie sie gelegentlich bei Kompressoren mit komplizierten Zylinderkopfdichtungen vorkommen, gibt es bei dieser Konstruktion kaum. Alle

Forschungsberichte des Wirtschafts- und Verkehrsministeriums Nordrhein-Westfalen
___

Dichtungen, sowohl zwischen Ventilkörper und Zylinder als auch zwischen Ventilkörper und Zylinderkopf, konnten infolge dieser konzentrischen Bauweise als glatte Dichtringe ausgeführt werden. Dadurch war es möglich, sie alle in einfacher Weise in eigens dafür vorgesehene Nuten zu fassen, so daß eine Beschädigung auch bei höchster Beanspruchung ausgeschlossen ist.

Kompressoren dieser hier behandelten Bauart befinden sich in mehreren hundert Exemplaren im praktischen Betrieb. Ein Dauerlauf mit wechselndem Gegendruck und veränderlichen Drehzahlen ist bis zu 4000 Stunden durchgeführt worden, ohne daß Verkrustungserscheinungen oder Havarien in irgendeiner Art in Erscheinung getreten sind.

Die Vorteile dieses Verdichtertyps bestehen in erster Linie aus folgenden Punkten:

Der Kompressor ist für die nach dem heutigen Stande der Technik günstigste Verdichterdrehzahl ausgelegt (1000 - 1200 U/min). Er läßt sich infolge seines gleichmäßigen Drehmomentenverlaufs, wie er einstufigen, mehrzylindrigen Kompressoren eigen ist, durch ein einfaches Zahnradgetriebe der Drehzahl jeder beliebigen für den Antrieb geeigneten Antriebsmaschine anpassen. Im Gegensatz zu den heute noch meist üblichen Blockkompressor-Anlagen, bei denen Motor und Kompressor mit gleichen Zylindern und Kolbenhüben auf einer Kurbelwelle arbeiten, ist es durch den neuen Kompressor möglich, sowohl Kompressor als auch Antriebsmotor in ihren jeweils günstigsten Drehzahlen laufen zu lassen. Da derartige Druckluftanlagen mit Vorzug durch Verbrennungsmotoren angetrieben werden, ist es für das sichere Anlassen besonders bei tiefen Temperaturen ein Vorteil, daß der Kompressor mit dem Getriebe einerseits und der Motor andererseits durch eine in diesem Falle hydraulisch ausrückbare Kupplung verbunden werden können.

Bei dem neuen Kompressor wurde nun durch geeignete Wahl des Schadraumes eine konstante Leistungsaufnahme bei wechselnden Enddrücken im Gebiete über 6 atü angestrebt. Dieses hat zur Folge, daß der Antriebsmotor schon bei 6 atü fast voll ausgenutzt ist und selbst bei 10 atü nicht überlastet wird. Es hat mit Rücksicht auf den Antriebsmotor keinen Zweck, bei der Gestaltung des Kompressors auf eine bei wechselnden Enddrücken konstante Liefermenge hin zu arbeiten, wie dies beispielsweise bei mehrstufigen Kompressoren der Fall ist. Es ist vielmehr eine Konstanz der Leistungsaufnahme erwünscht, weil sonst der Antriebsmotor für die Leistungsaufnahme bei dem gelegentlich auftretenden höchsten Druck ausgelegt werden müßte. Dadurch würde ein für die gebräuchlichsten Enddrücke zu starker Motor nötig werden. Das erhöhte Verdichtungsverhältnis des neuen Kompressors erschließt ihm auch eine Verwendung in größeren Höhenlagen, die bisher nur den zweistufigen Kompressoren vorbehalten war. Bei transportablen Kompressoranlagen kommt noch ein weiterer Vorteil hinzu. Die neue Kompressorkonstruktion paßt sich durch den Abfall der Leistungsaufnahme in Höhenlagen dem physikalisch bedingten Leistungsabfall des Verbrennungsmotors weit besser an, so daß der gleiche Motor, der in normalen Höhen verwendet wird, beibehalten werden kann.

2. Einzelheiten der Kompressor-Konstruktion

Die in Abbildung 1 und 2 in zwei Schnitten dargestellte Maschine zeigt 4 Zylinder in V-Anordnung. Die Kurbelwelle mit ihren Gegengewichten aus Spezialgußeisen ist um $180°$ gekröpft und trägt auf jedem Kurbelzapfen zwei Pleuel. In der Mitte der Kurbelwelle befindet sich ein Exzenter zum Betrieb einer Kolbenölpumpe. Links außerhalb der Maschine ist das Schwungrad angeordnet, das einen Zahnkranz für das Antriebsgetriebe aufnehmen kann. Die Kurbelwelle ist in 3 Wälzlagern gelagert. Das linke Hauptlager ist als Festlager ausgebildet. Das Nebenlager auf der Schwungradnabe nimmt die Kräfte aus dem Getriebe auf. Das rechte Hauptlager ist ein Zylinderrollenlager, dessen Innenring axiale Verschiebungen gestattet. Der rechte äußere Wellenstumpf trägt eine Riemenscheibe, durch die mit einem endlosen Hochleistungs-Flachriemen das stehende Kühlgebläse über ein Kegelräderpaar angetrieben wird.

Das Kurbelgehäuse ist aus einer Leichtmetallegierung, die Zylinder und Zylinderköpfe aus Spezialgußeisen hergestellt. Die Schmierung des Kompressors erfolgt über die Kolbenölpumpe, die das Schmieröl aus dem Kurbelgehäuse über ein Sieb ansaugt und in das Innere der hohlen Kurbelwelle drückt. Von hier aus wird das Schmieröl durch entsprechende Bohrungen dem Triebwerk zugeführt.

Charakteristisch an diesem Kompressor ist das Kühlsystem. Die angesaugte Luft gelangt zentral durch den Zylinderkopf über ein selbsttätiges Saugventil üblicher Bauart in den Zylinder. Während der Verdichtung und während des Ausschiebens muß die Luft 24 axial auf einem Kreis angeordnete

Forschungsberichte des Wirtschafts- und Verkehrsministeriums Nordrhein-Westfalen

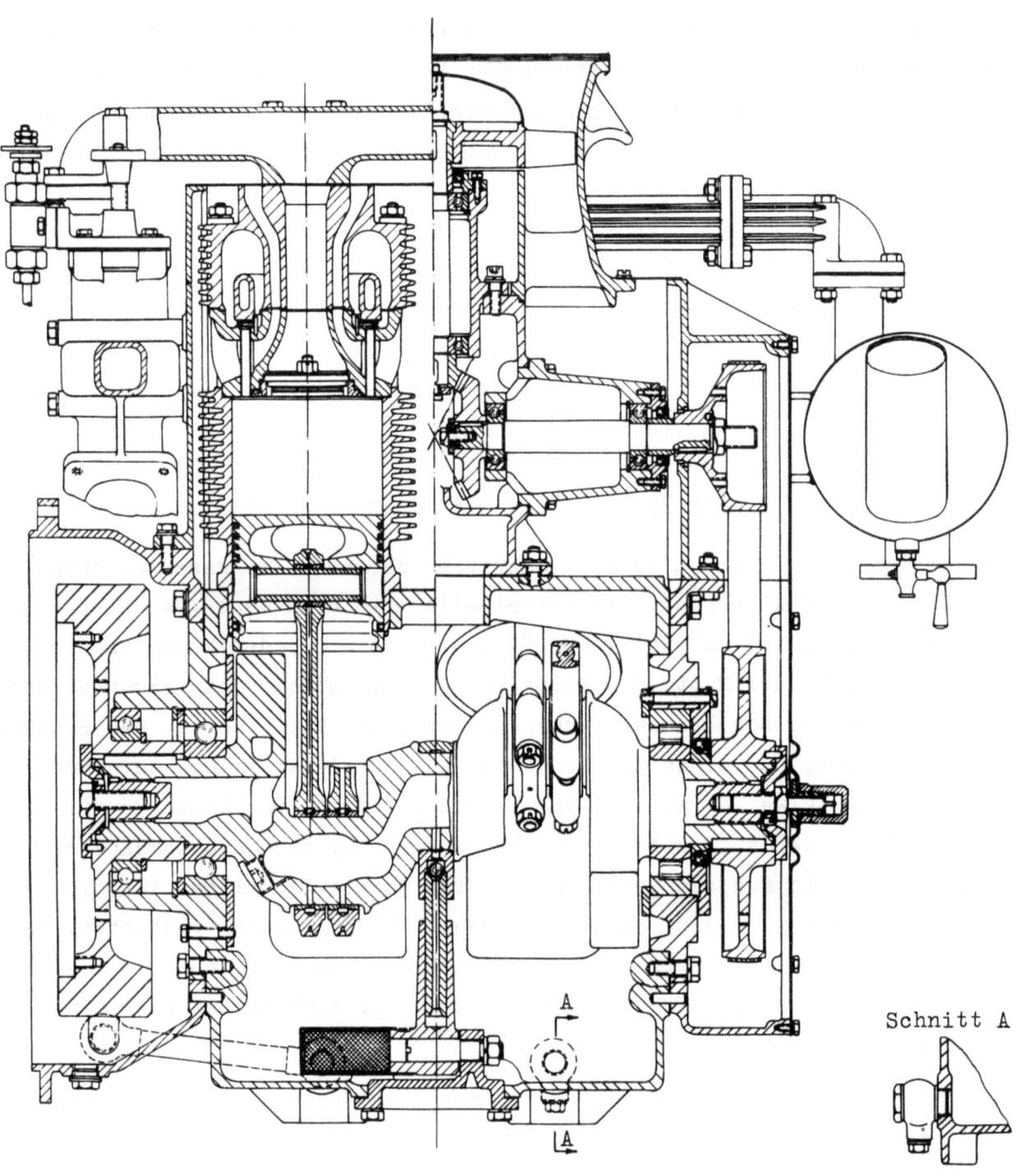

Abbildung 1

Schnitt A

Forschungsberichte des Wirtschafts- und Verkehrsministeriums Nordrhein-Westfalen

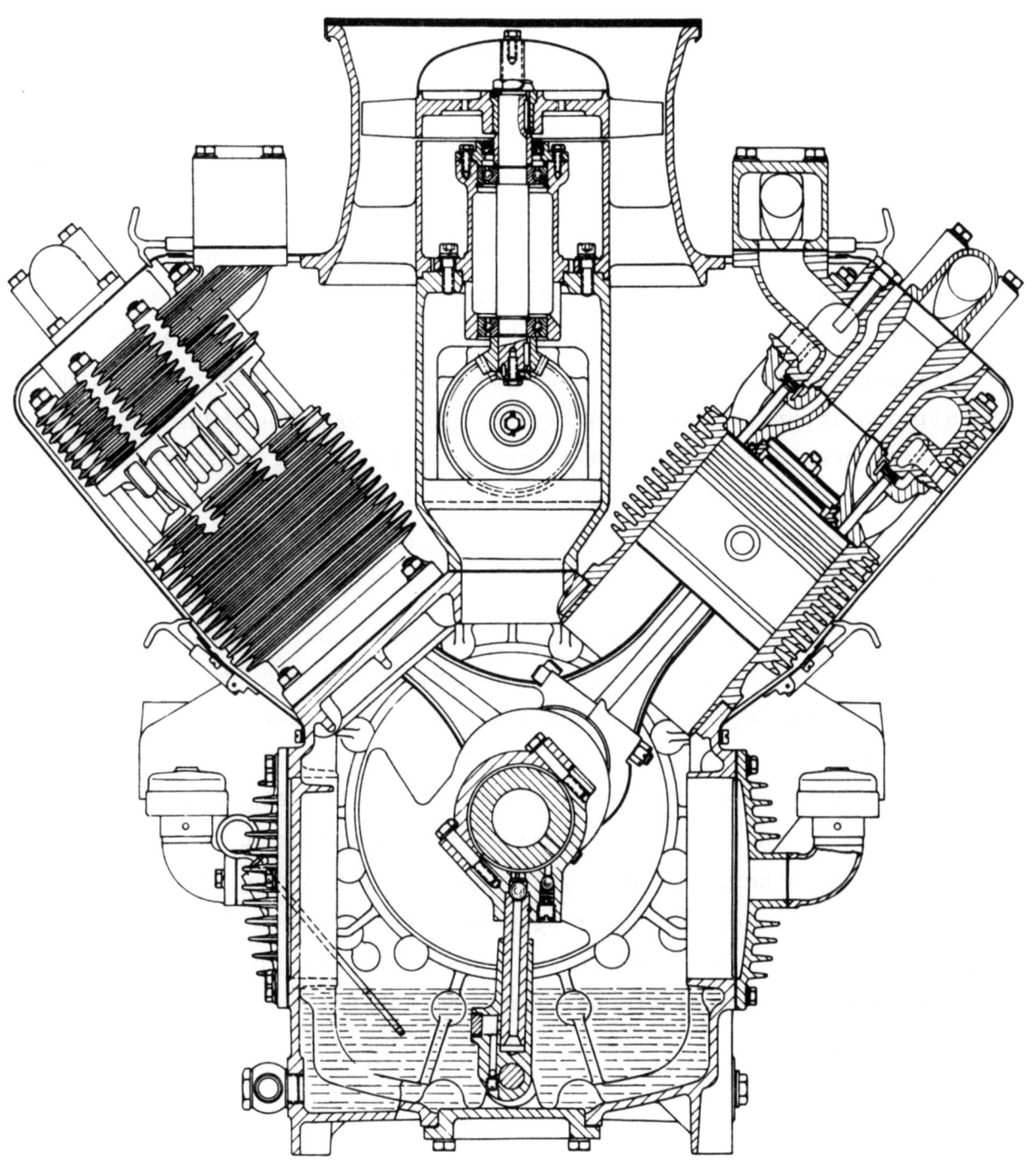

Abbildung 2

Forschungsberichte des Wirtschafts- und Verkehrsministeriums Nordrhein-Westfalen

Kupferröhrchen durchströmen, die vor dem ringförmigen Druckventil angeordnet sind. Das Volumen sämtlicher Röhrchen ist derartig bemessen, daß der gewünschte schädliche Raum für die vorher geschilderte Leistungsaufnahme-Korrektur entsteht. Außen werden die Röhrchen allseitig dauernd von der Kühlluft umspült, wodurch ein reger Wärmeaustausch hervorgerufen wird. Während die Druckluft über einen ringförmigen mit Kühlrippen versehenen Raum zu den Sammelleitungen gelangt, verläßt die Kühlluft in axialer Richtung konzentrisch um die Saugleitung den Zylinderkopf. Außer der geschilderten Kühlung wird noch Kühlluft um die verrippten Zylinder und Zylinderköpfe geleitet, und ein Teil der Kühlluft geht durch einen konzentrisch im Druckraum des Zylinderkopfes liegenden Kanal im sogenannten Ventilfänger und kühlt auch diesen. Sowohl die um Zylinder und Zylinderköpfe geleitete Luft als auch die durch den Fänger strömende Kühlluft verläßt den Kompressor durch seitlich an der Verkleidung angebrachte Schlitze.

Die Regelung der Maschine erfolgt in üblicher Weise über einen Absperrregler und ein einstellbares Druckregelventil, welches bei Überschreitung des eingestellten Gegendruckes den Absperregler steuert, der seinerseits die Saugleitung abschließt, so daß der Kompressor im Vacuum läuft und daher die Förderung aussetzt. Links und rechts am Kurbelgehäuse befinden sich Deckel mit den Entlüftungs- und Öleinfüllstutzen und dem Peilstab zur Messung des Schmierölstandes. Für den Fall, daß die Drucklufttemperatur unmittelbar hinter dem Kompressor noch weiter gesenkt werden soll, wird der Kompressor noch mit einem ebenfalls in Abbildung 1 dargestellten Druckluftnachkühler versehen, der dann vom Kühlgebläse mit beschickt wird.

Technische Daten:

Bauweise	einstufig
Kühlung	Luft
Zylinderzahl	4 in V-Anordnung
Zylinderbohrung	145 mm
Kolbenhub	110 mm
Zylinderinhalt des Kompressors	7,26 l
Normaler Drehzahlbereich	n = 1000 - 1200 U/min
Verwendbarer Drehzahlbereich	n = 500 - 1500 U/min
Normale Betriebsdrücke	bis 8 atü
Erweiterter Betriebsdruckbereich	bis 10 atü.

Forschungsberichte des Wirtschafts- und Verkehrsministeriums Nordrhein-Westfalen

Um nun auch bezüglich der thermodynamischen und betrieblichen Werte der neuen Verdichterkonstruktion von neutraler Stelle gemessene Unterlagen zu erhalten, wurde ein Serienkompressor der geschilderten Bauart im Maschinenlaboratorium der Rheinisch-Westfälischen Technischen Hochschule Aachen untersucht. Die Ergebnisse der durchgeführten Messungen sind in Abschnitt II beschrieben.

Dipl.-Ing. F.H. FLOTTMANN, Herne

II. Durchgeführte Messungen

1. Versuchsaufgabe und Versuchsanordnung

Bei der hier beschriebenen Versuchsreihe sollte durch eingehende Messungen der Einfluß einer Steigerung des Enddruckes von 2,0 auf 10,0 atü bei Kompressordrehzahlen zwischen 700 und 1500 U/min auf folgende sechs Größen untersucht werden:

1) Kupplungsleistung N_K (PS)
2) Liefermenge bezogen auf Ansaugezustand Q_a (m^3/min)
3) Temperatur an den Zylinderköpfen t_2 (°C)
4) Ausnutzungsgrad λ_H (%)
5) Spezifischer Leistungsbedarf $N_K/Q_a \cdot 60$ (PSh/m^3)
6) Isothermer Kupplungswirkungsgrad η_{is-k} (%)

Für die Durchführung von exakten Leistungsmessungen wurde der am Kompressorgehäuse angeflanschte, zum Aggregat gehörige Drehstrommotor demontiert und durch einen Gleichstrom-Nebenschluß-Pendelmotor ersetzt, der, bevor er mit dem Kompressor gekuppelt, im Leerlauf austariert wurde. Der Motor gestattete, das erzeugte Drehmoment durch Auswägen zu bestimmen; ferner ermöglichten Schiebewiderstände im Feldkreis, die Drehzahl im Bereich von n = 700 bis 1500 U/min mit größter Genauigkeit einzustellen. Die Drehzahlmessung erfolgte mit Jaquet's Indikator Typ 251 (Umdrehungszähler). Abbildung 3 zeigt eine Fotografie der Verdichteranlage auf dem Prüfstand, bei der zur Verdeutlichung der Kühleinrichtung die die Maschine umhüllende Blechverkleidung abgenommen ist, so daß man die zwecks besserer Wärmeableitung verrippten Zylinder erkennt. In der Mitte über den Zylindern ist das Kühlgebläse sichtbar, dem die Luft im Normalbetrieb senkrecht von oben zuströmt. Die Versuchsanordnung ist in Abbildung 4 dargestellt.

Abbildung 3
Kompressor auf dem Prüfstand (Blechverkleidung abgenommen)

Der Kompressor saugte Luft aus einem Saugwindkessel und förderte sie in einen Druckwindkessel von ca. 1 m^3 Rauminhalt; von dort konnte die Luft über ein Drosselventil in die Mengenmeßstrecke abströmen. Der gewünschte Enddruck wurde mit einem Drosselventil eingestellt, die Druckanzeige erfolgte an einem Feinmeßmanometer der Güteklasse o,6, welches ohne Schwierigkeiten Druckablesungen auf o,o2 atü genau ermöglichte.

Die Mengenmessung wurde druckseitig in einer geraden Meßstrecke hinter dem Drosselventil vorgenommen; als Meßgerät wurde eine gemäß VDI-Durchfluß-Meßregeln DIN 1952 normgerechte Durchflußblende mit Druckentnahme aus Ringkammern benutzt. Die Druck- und Wirkdruckmessungen erfolgten mit Quecksilber-U-Rohren. Da bei allen Gegendrücken im Drosselventil ein überkritisches Druckverhältnis herrschte, also die Durchströmung durch das Drosselventil mit Schallgeschwinigkeit vor sich ging, wurde der

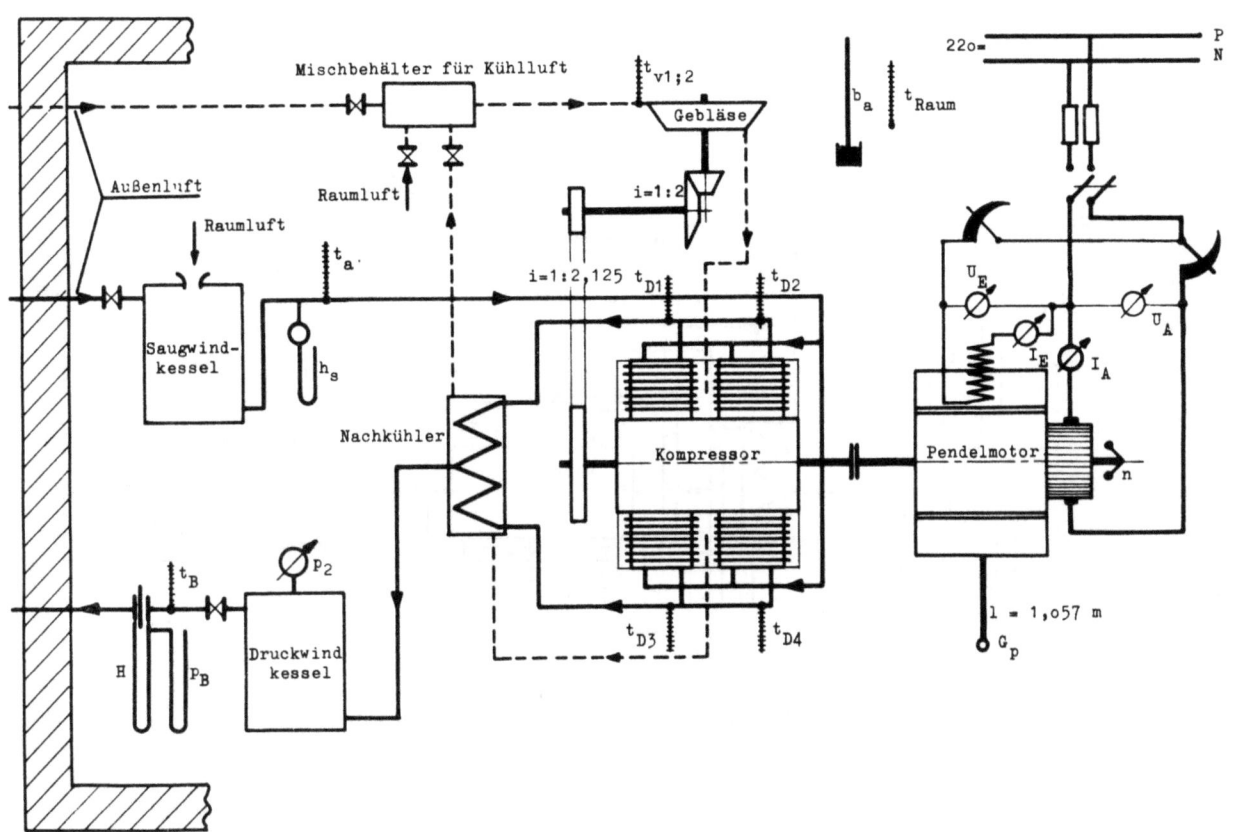

A b b i l d u n g   4
Versuchsanordnung

Einfluß der intermittierenden Strömung aus dem Kolbenkompressor, der bereits durch den sehr großen Druckwindkessel weitgehend beseitigt war, noch weiter verringert, so daß die Mengenmessung als einwandfrei betrachtet werden kann. Vergleiche von Mengenmessungen auf der Saug- und auf der Druckseite ergaben eine weitgehende Übereinstimmung, so daß der Liefergrad als nahe 1oo % angenommen werden konnte. Es wurde daraufhin nur mehr auf der Druckseite gemessen.

Da die Ansaugetemperatur der Luft sowohl für den Leistungsbedarf des Kompressors als auch für den des Kühlgebläses von ausschlaggebender Bedeutung ist, wurde folgende Vorrichtung zur Konstanthaltung der Ansaugetemperaturen benutzt: Für die Kompressoransaugeluft diente der Saugwindkessel (ca. 1 m^3) als Mischbehälter; in ihm mischte sich die aus dem Versuchsraum durch eine Düse einströmende, erwärmte Luft mit der Außenluft, die über eine mit Drosselschieber versehene Frischluftleitung zuströmte. Durch Variationen der Drosselstellung konnte man die gewünschten Temperaturen in der Ansaugeleitung des Kompressors einstellen und während der

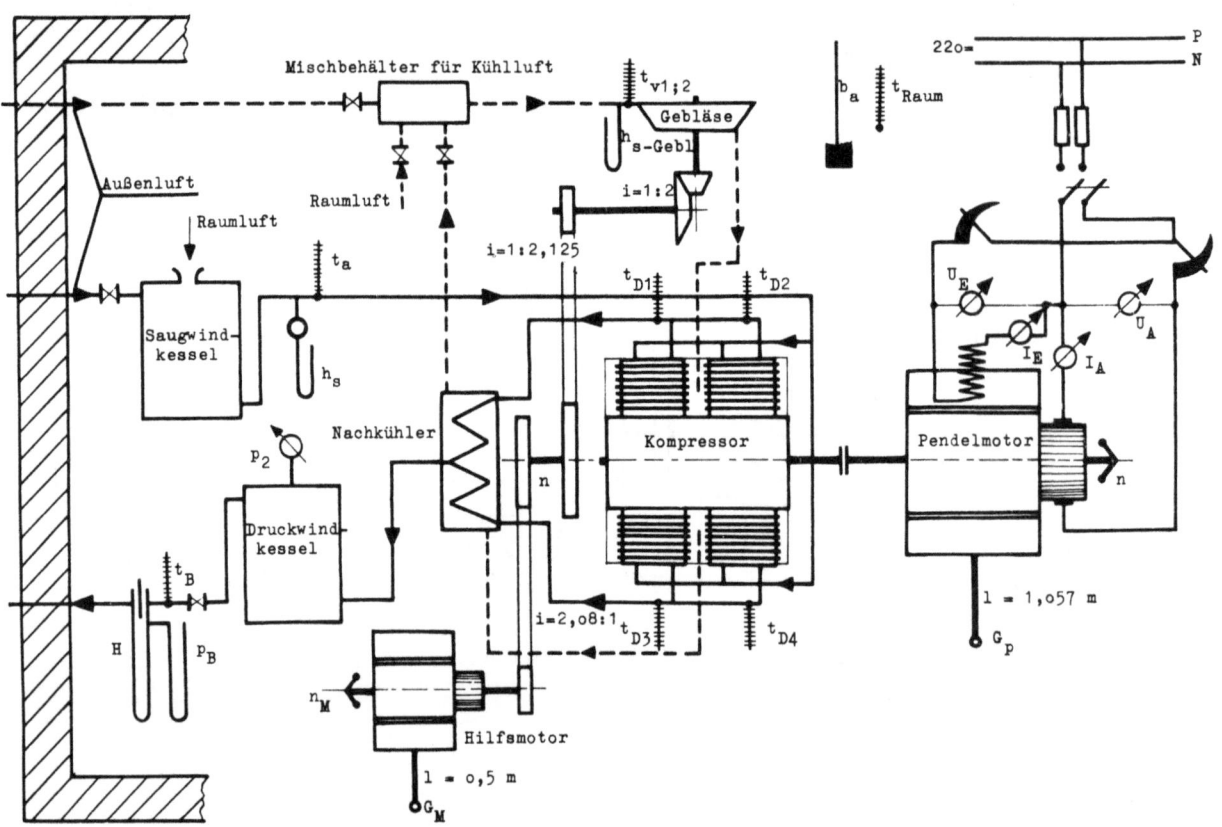

Abbildung 5
Versuchsanordnung

Versuchsdauer weitestgehend konstant halten. Für die Ansaugeluft des Kühlgebläses versah eine sinngemäß gleiche Vorrichtung diese Aufgabe; der Mischkammer wurde zur Vergrößerung des einstellbaren Temperaturbereiches noch ein Teil der heißen Abluft des Nachkühlers (kühlluftseitig) beigemischt. Der Ansaugeunterdruck wurde in der Kompressorsaugleitung über eine Ausgleichflasche mit einem wassergefüllten U-Rohr gemessen. Sämtliche Temperaturmeßstellen wurden mit geeichten Quecksilber-Faden-Thermometern besetzt.

Eine Sonderuntersuchung zur Ermittlung der Gebläseantriebsleistung im Normalbetrieb erforderte den Aufbau eines zweiten Pendelmotors und eines Riemenvorgeleges, mit dessen Hilfe das Kühlgebläse unabhängig vom eigentlichen Kompressor angetrieben werden konnte. Auch hier gestattete ein feingestufter Feldwiderstand, dem Gebläserad gerade die Drehzahl zu geben, mit der es bei Antrieb von der Kompressorkurbelwelle aus laufen würde. Die Versuchsanordnung ist in Abbildung 5 dargestellt.

2. Versuchsdurchführung

Bei allen im folgenden behandelten Versuchen wurden weder die Versuchsdurchführung noch die Instrumentierung verändert. Nach dem Warmverfahren der Maschine und Einstellen eines bestimmten Enddruckes und einer bestimmten Drehzahl wurde Beharrung der Temperaturen an den Zylinderköpfen abgewartet (bis zu 20 Minuten) und dann der Pendelmotor fortlaufend im Gleichgewicht gehalten und ausgewogen. Dabei wurden die Ansaugetemperaturen der Kompressorluft und der Gebläseluft während aller Versuche durch die oben beschriebenen Mischvorrichtungen konstant auf $t_a = 20\ °C$ gehalten. Die Messung eines Betriebszustandes erstreckte sich dann über etwa 10 Minuten, wobei sämtliche Meßstellen 4 bis 5 mal in Abständen von etwa 2 Minuten abgelesen wurden. Die in den Meßprotokollen für einen Betriebszustand eingetragenen Meßgrößen sind bereits die errechneten Mittelwerte der Einzelablesungen.

Zur Aufnahme des Kompressorbetriebsfeldes bei Verwendung des Saugventiles I mit einem Hub von 1,6 mm und einem Druckventilhub von 2,0 mm wurden bei Drehzahlen zwischen 700 und 1500 U/min und Enddrücken von 2,0 bis 10,0 atü Betriebsversuche durchgeführt. Hierbei wurden Versuchsreihen konstanter Drehzahlen bei zunehmenden Gegendrücken gefahren.

Zur Untersuchung des Anteiles des Gebläseleistungsbedarfes an der Gesamtleistung wurden bei konstantem Gegendruck von 6,0 atü Sonderversuche für die Drehzahlen 700 bis 1500 U/min gefahren, wobei das Kühlgebläse von dem oben beschriebenen Hilfspendelmotor über ein Vorgelege angetrieben wurde. Die Messungen wurden in gleicher Weise wie bei der Aufnahme des Betriebsfeldes vorgenommen, zusätzlich wurde die Leistungsaufnahme des Kühlgebläses ermittelt.

3. Meßgrößen

Zur Aufnahme des Betriebsfeldes wurden die unten angegebenen Meßgrößen gemessen und auf den Seiten 42 bis 59 tabelliert.

Im einzelnen bedeuten:

Kompressordrehzahl bei Versuch	n	(U/min)
Bezugsdrehzahl (festgesetzt)	n_o	(U/min)
Kompressionsenddruck	p_2	(atü)
Hub des Saugventils	h_{SV}	(mm)
Hub des Druckventils	h_{DV}	(mm)

Forschungsberichte des Wirtschafts- und Verkehrsministeriums Nordrhein-Westfalen

Gewicht des Pendelmotors	G_P	(kg)
Hebelarm des Pendelmotors	l	(m)
korrigierter Barometerstand	ba_{korr}	(mm Hg)
Ansaugetemperatur in der Saugleitung	t_a	(°C)
Druck in der Saugleitung des Kompressors	h_s	(mm WS)
Raumtemperatur im Versuchsraum	t_{Raum}	(°C)
Gebläseeintrittstemperaturen	$t_{v1;2}$	(°C)
Mittelwert aus t_{v1} und t_{v2}	t_{vm}	(°C)
Endtemperaturen an Zylinderköpfen	$t_{D1;2;3;4}$	(°C)
Mittelwert aus t_{D1} bis t_{D4}	t_{Dm}	(°C)
zugehörige Fadentemperaturkorrektur	Δt_{Faden}	(°C)
korrigierte Endtemperatur an Zylinderköpfen	t_2	(°C)
statischer Druck vor Blende	p_B	(mm Hg)
Wirkdruck an Blende	H	(mm Hg)
Temperatur an Blende	t_B	(°C)

Für den Sonderversuch zur Bestimmung der Gebläseantriebsleistung wurden zusätzlich noch folgende Meßgrößen aufgenommen und auf Seite 39 tabelliert

Druck in Gebläsesaugleitung	$h_{s-Gebl.}$	(mm WS)
Drehzahl des Fremdantriebspendelmotors	n_M	(U/min)
Gewicht am Fremdantriebspendelmotor	G_M	(kg)

4. Versuchsauswertung

Aus den aufgeführten Meßgrößen errechnen sich die Auswertegrößen nach folgenden Gleichungen:

Absoluter Außendruck
$$P_o = ba_{korr} \cdot 13,6 \quad (kg/m^2)$$

Absoluter Ansaugedruck
$$P_a = P_o - h_s \quad (kg/m^2)$$

Absolute Ansaugetemperatur
$$T_a = t_a + 273 \quad (°C)$$

Spezifisches Gewicht der Luft bei Ansaugezustand
$$\gamma_a = \frac{P_a}{R \cdot T_a} \quad (kg/m^3)$$

Die Gaskonstante für Luft wurde während aller Versuche als konstant angesehen und mit R = 29,27 (mkg/kg °K) (trockene Luft) gerechnet, weil der Einfluß der Luftfeuchtigkeit auf den Zahlenwert der Gaskonstanten vernachlässigbar klein ist. Mit der Firma Flottmann-Werke G.m.b.H. wurde für die Leistungsermittlung des Kompressors ein Bezugszustand vereinbart:

Forschungsberichte des Wirtschafts- und Verkehrsministeriums Nordrhein-Westfalen

Ansaugedruck Bezugszustand $P_{a(N)} = 10\,000$ (kg/m²)

Ansaugetemperatur Bezugszustand $t_{a(N)} = 20{,}0$ (°C)

Spezifisches Gewicht der Luft bei Bezugszustand $\gamma_{a(N)} = \dfrac{10\,000}{29{,}27 \cdot 293} = 1{,}166$ (kg/m³)

Für die Messung des Luftdurchsatzes ergibt sich folgende Durchflußgleichung:

Allgemeine Durchflußgleichung $G_{sec} = \alpha \cdot \varepsilon \cdot F_0 \cdot \sqrt{2g \cdot \Delta P_B \cdot \gamma_B}$ (kg/sec)

Blendendurchmesser $d = 25{,}00$ (mm ⌀)

Freie Durchgangsfläche der Blende $F_0 = 491 \cdot 10^{-6}$ (m²)

Rohrdurchmesser $D = 53{,}5$ (mm ⌀)

Öffnungsverhältnis $m = \left(\dfrac{d}{D}\right)^2 = \left(\dfrac{25{,}0}{53{,}5}\right)^2 = 0{,}218$

Durchflußzahl $\alpha' = f(m) = 0{,}618$

Für betriebsrauhes Rohr und Kantenunschärfe der Blende wird gemäß VDI-Durchflußmeßregeln DIN 1952 ein Zuschlag von 1 % notwendig:

Korrigierte Durchflußzahl $\alpha = 1{,}01 \cdot 0{,}618 = 0{,}624$

Wirkdruck $h = \Delta P_B = H \cdot 13{,}55$ (kg/m²)

Druck vor Blende $P_B^* = p_B \cdot 13{,}55$ (kg/m²)

Absoluter Druck vor Blende $P_B = P_0 + P_B^*$ (kg/m²)

Expansionszahl aus Abbildung 6 $\varepsilon = f(\Delta P_B/P_B;\ m;\ k;)$

Absolute Temperatur an Blende $T_B = t_B + 273$ (°K)

Spezifisches Gewicht der Luft an Blende $\gamma_B = \dfrac{P_B}{R \cdot T_B}$ (kg/m³)

Durchsatz - Luftgewicht $G = 0{,}0814 \cdot \varepsilon \cdot \sqrt{\gamma_B} \cdot \sqrt{\Delta P_B}$ (kg/min)

Durch Beseitigung sämtlicher Undichtigkeiten war es möglich, das druckseitig gemessene Luftgewicht auf den Ansaugezustand umzurechnen. Damit

Forsohungsberichte des Wirtschafts- und Verkehrsministeriums Nordrhein-Westfalen

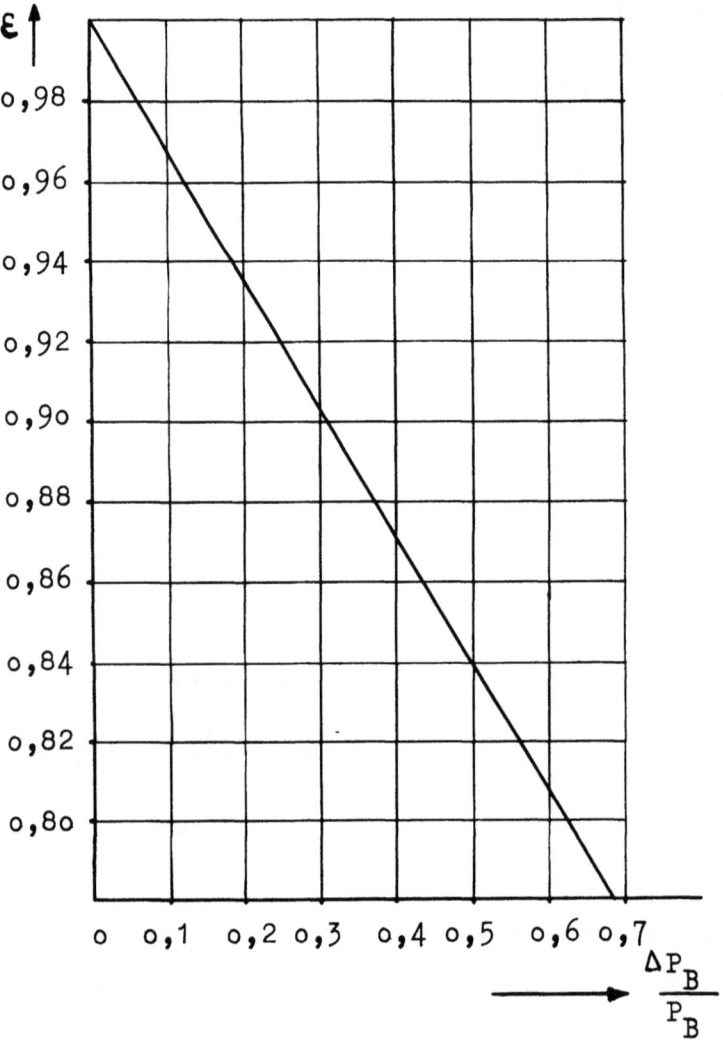

A b b i l d u n g 6

Expansionszahl ε für Meßblende abhängig von $\Delta P_B/P_B$, m = 0,218, k = 1,4

erhält man die Liefermenge des Kompressors gemäß DIN 1945 (VDI - Verdichterregeln).

Liefermenge bez. auf Ansaugezustand	$Q_a = G/\gamma_a$	(m³/min)
Korrigierte Liefermenge	$Q_{a(n_o)} = Q_a \cdot (n_o/n)$	(m³/min)
Theoretische Ansaugemenge	$Q_{th} = \sum V_H \cdot n_o$	(m³/min)
Ausnutzungsgrad	$\lambda_H = \dfrac{Q_{a(n_o)}}{Q_{th}} \cdot 100$	(%)
Absoluter Enddruck	$P_2 = P_o + p_2 \cdot 10^4$	(kg/m²)

Forschungsberichte des Wirtschafts- und Verkehrsministeriums Nordrhein-Westfalen

Absolutes Druckverhältnis $\quad P_2/P_a$

Isotherme Förderhöhe $\quad H_{is} = R \cdot T_a \cdot \ln(P_2/P_a) \quad$ (mkg/kg)

Isotherme Verdichtungsleistung $\quad N_{is} = \dfrac{H_{is} \cdot G}{75 \cdot 60} \quad$ (PS)

Kupplungsleistung
(Hebelarm l = 1,057 m) $\quad N_k = \dfrac{G_P \cdot n \cdot l}{716{,}2} \quad$ (PS)

Spezifischer Leistungsbedarf $\quad \dfrac{N_k}{Q_a \cdot 60} \quad$ (PSh/m^3)

Isothermer Kupplungswirkungsgrad $\quad \eta_{is-k} = \dfrac{N_{is}}{N_k} \cdot 100 \quad$ (%)

Da die mechanische Leistungsaufnahme in starkem Maße von dem am Versuchstage herrschenden Barometerstand abhängig ist, kann N_k nicht direkt aufgetragen werden, sondern muß auf den vereinbarten Bezugszustand umgerechnet werden. Die umgerechnete Kupplungsleistung ergibt sich dann aus dem Verhältnis der isothermen Verdichtungsleistungen:

$$\frac{N_{k-u}}{N_k} = \frac{Q_{a(n_o)} \cdot \gamma_{a(N)} \cdot R \cdot T_{a(N)} \cdot \ln(P_2/P_a)_{(N)}}{Q_a \cdot \gamma_a \cdot R \cdot T_a \cdot \ln(P_2/P_a)}$$

Sowohl die Drehzahl als auch die Ansaugetemperatur konnten bei allen Versuchen genau eingehalten werden; damit wird:

$$N_{k-u} = N_k \cdot \frac{\gamma_{a(N)} \cdot \ln(P_2/P_a)_{(N)}}{\gamma_a \cdot \ln(P_2/P_a)} \quad (PS)$$

$$N_{k-u} = N_k \cdot \frac{1{,}166 \cdot \ln(3;4;5 \ldots 11)}{\gamma_a \cdot \ln(P_2/P_a)} \quad (PS)$$

Für die Leistungsmessung des Gebläses durch Fremdantrieb wurden folgende Gleichungen zur Auswertung benötigt:

Absoluter Gebläseansaugedruck $\quad P_{a-Gebl.} = P_o - h_{s-Gebl.} \quad$ (kg/m^2)

Absolute Gebläseansaugtemperatur $\quad T_{a-Gebl.} = t_{vm} + 273 \quad$ (°K)

Spezifisches Gewicht der Luft $\quad \gamma_{a-Gebl.} = \dfrac{P_{a-Gebl.}}{T_{a-Gebl.} \cdot R} \quad$ (kg/m^3)

Forschungsberichte des Wirtschafts- und Verkehrsministeriums Nordrhein-Westfalen

Leistung des Pendelmotors
(Hebelarm l = o,5 m)
$$N_M = \frac{G_M \cdot n_M \cdot l}{716,2} \quad (PS)$$

Der Schlupfwirkungsgrad berücksichtigt den Drehzahlabfall und damit den Leistungsverlust des Keilriementriebes zwischen Hilfsmotor und Vorgelege. Das geometrische Untersetzungsverhältnis beträgt 2,08 : 1.

Schlupfwirkungsgrad
$$\eta_s = 2,08 \cdot \frac{n}{n_M} \cdot 1oo \quad (\%)$$

Gebläseantriebsleistung
$$N_{Gebl.} = (N_M - N_{Leer}) \cdot \eta_s \quad (PS)$$

Umgerechnete Gebläseantriebsleistung
$$N_{Gebl.-u} = N_{Gebl.} \cdot \frac{\gamma_{a(N)}}{\gamma_{a-Gebl.}} \quad (PS)$$

Gesamtantriebsleistung der Kompressoranlage
$$N_{k-u} = N_{k-u}^* + N_{Gebl.-u} \quad (PS)$$

Hierbei ist N_{k-u}^* die umgerechnete Antriebsleistung des Kompressors ohne Gebläse.

5. Beurteilung der Versuchsergebnisse

a) Aufnahme eines Betriebsfeldes

Zur Beurteilung liegen die drei gemessenen Größen: Liefermenge Q_a, Leistungsbedarf N_{k-u} und Temperaturmittelwert an den Zylinderköpfen t_2 sowie die daraus abgeleiteten Größen: Ausnutzungsgrad λ_H, spezifischer Leistungsbedarf N_k/Q_a und isothermer Kupplungswirkungsgrad η_{is-k} vor. Alle sechs Größen sind einmal über der Drehzahl n mit dem Enddruck p_2 als Parameter und einmal über dem Enddruck p_2 mit der Drehzahl n als Parameter aufgetragen. Die eingetragenen Punkte sind in beiden Darstellungsarten Meßbzw. Rechenergebnisse, die Kurvenzüge wurden unter weitgehender Berücksichtigung theoretischer Zusammenhänge verbindend hindurchgelegt.

Betrachtet man zunächst die Abhängigkeit der einzelnen Betriebsgrößen von der Drehzahl, so zeigt sich, daß Leistungsbedarf Abbildung 7 und Liefermenge Abbildung 9, die beide theoretisch der Drehzahl proportional sind, zwischen n = 7oo und 15oo U/min bei allen Enddrücken eine annähernd lineare Abhängigkeit von n haben.

Wenn man bei der Auftragung des Leistungsbedarfes über der Drehzahl Abbildung 7 die Messungen unter 7oo U/min extrapolieren würde, müßte man natürlich, da der Leistungsbedarf auch bei kleinster Drehzahl positiv

Forschungsberichte des Wirtschafts- und Verkehrsministeriums Nordrhein-Westfalen

sein muß, ein Durchhängen der Kurven erwarten, was sowohl bei der Leerlaufmessung des Kompressors als auch bei den mit Gegendruck gefahrenen Kurven erkennbar ist. Bei großen Drehzahlen fängt die Leistung infolge von Drosselwirkungen an, weniger stark anzusteigen.

Bei der Auftragung des Leistungsbedarfes über dem Enddruck Abbildung 8 zeigen die Kurven bei höheren Drehzahlen zwischen 6 und 8 atü einen annähernd waagerechten Verlauf, da hier der Einfluß der abnehmenden Liefermenge überwiegt. Dieser waagerechte Kurvenverlauf bedingt, daß sich bei der Darstellung der Leistung über der Drehzahl Abbildung 7 Kurvenpunkte für konstante Drehzahlen aber verschiedene Enddrücke decken und damit die Linien für p_2 = 6; 7; 8; 9 atü weitgehend aufeinander fallen. Die Kurven für n = 1300 und 1400 U/min in Abbildung 8 liegen scheinbar zu weit auseinander; die Kurvenpunkte wurden jedoch durch mehrfache Wiederholungsmessungen bestätigt. Dies erklärt sich ähnlich wie die Unstetigkeit der Liefermenge im Bereich zwischen 1200 und 1400 U/min in Abbildung 9.

Die Liefermenge, über der Drehzahl aufgetragen, Abbildung 9, weicht mit zunehmender Drehzahl immer stärker von einer linearen Abhängigkeit von n ab; der Grund hierfür dürfte in der mit wachsender Drehzahl zunehmenden Drosselung in den Ventilen liegen. Daß diese Erscheinung und damit die Abweichung der Liefermengenlinie von der Proportionalität mit n bei wachsendem Enddruck, also dichterem Fördergut, stärker wird, ist erklärlich. Die Meßpunkte bei 1200 U/min ordnen sich bei höheren Drücken zwischen 7 und 10 atü nicht in den stetigen Verlauf des Gesamtdiagrammes ein. Diese durch mehrfache Wiederholungsmessungen bestätigte Tieferlage der Meßpunkte im Bereich von 1200 und 1300 U/min kann eventuell durch Schwingungs- oder Flattererscheinungen der Ventile erklärt werden, so daß Rückströmungen in den Zylinder aus der Druckleitung erfolgen.

Bei der Auftragung der Liefermenge über dem Enddruck Abbildung 10 fallen die Kurven mit zunehmenden Drehzahlen steiler werdend (von 700 bis 900 U/min annähernd gradlinig) ab, was die Folge einer mit wachsendem Kompressionsenddruck stetig zunehmenden Annäherung des Kompressionsendvolumens an das Volumen des schädlichen Raumes ist. Bei größeren Drehzahlen tritt diese Tendenz entsprechend stärker hervor, wobei allerdings die Kurven bei höheren Drücken etwas flacher werden. Die Unregelmäßigkeit bei hohen Enddrücken und Drehzahlen von 1200 und 1300 U/min zeigen sich auch in dieser Darstellung.

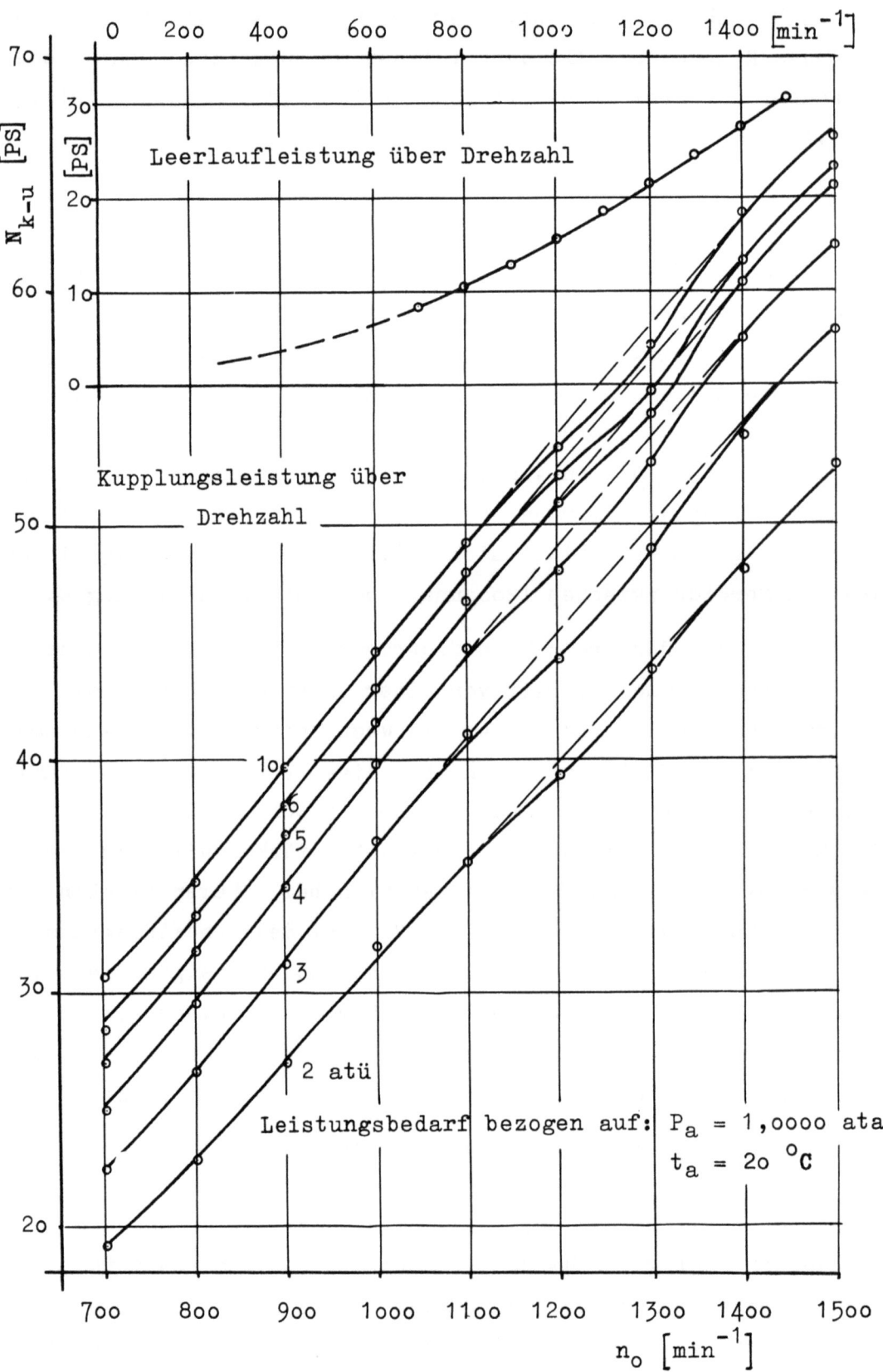

Abbildung 7
Kupplungsleistung über Drehzahl

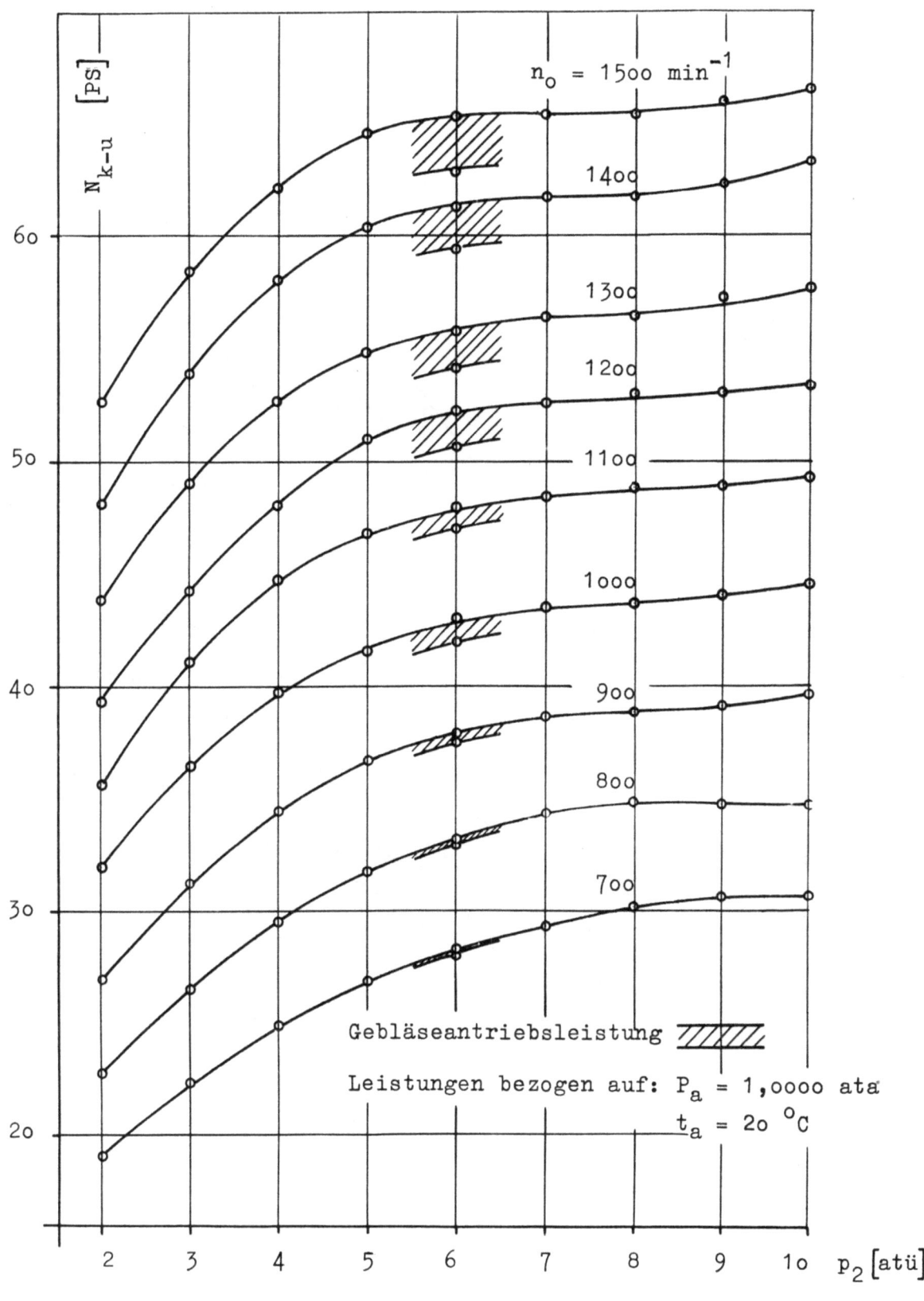

Abbildung 8
Kupplungsleistung über Enddruck

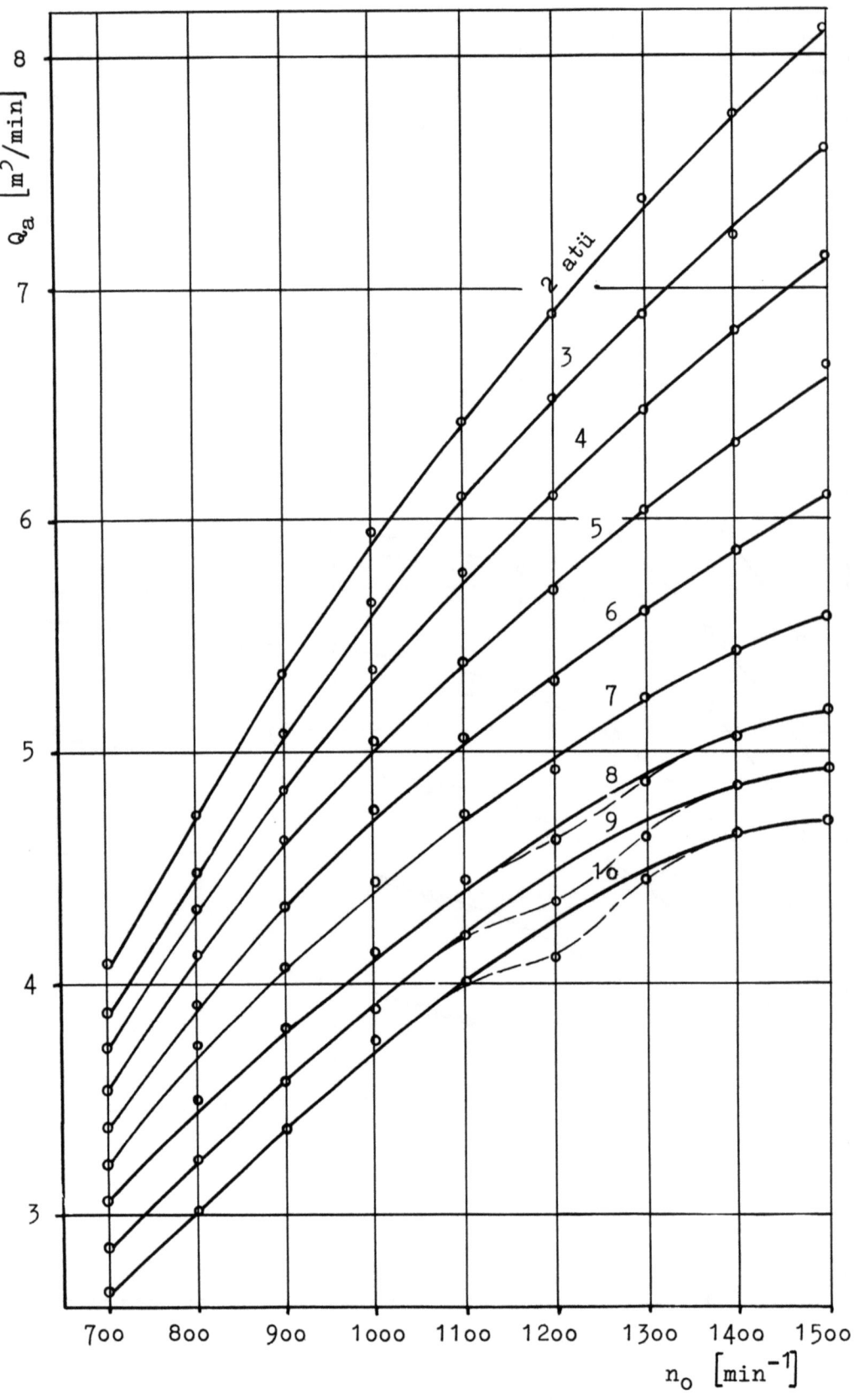

Abbildung 9
Liefermenge über Drehzahl (bezogen auf Ansaugezustand)

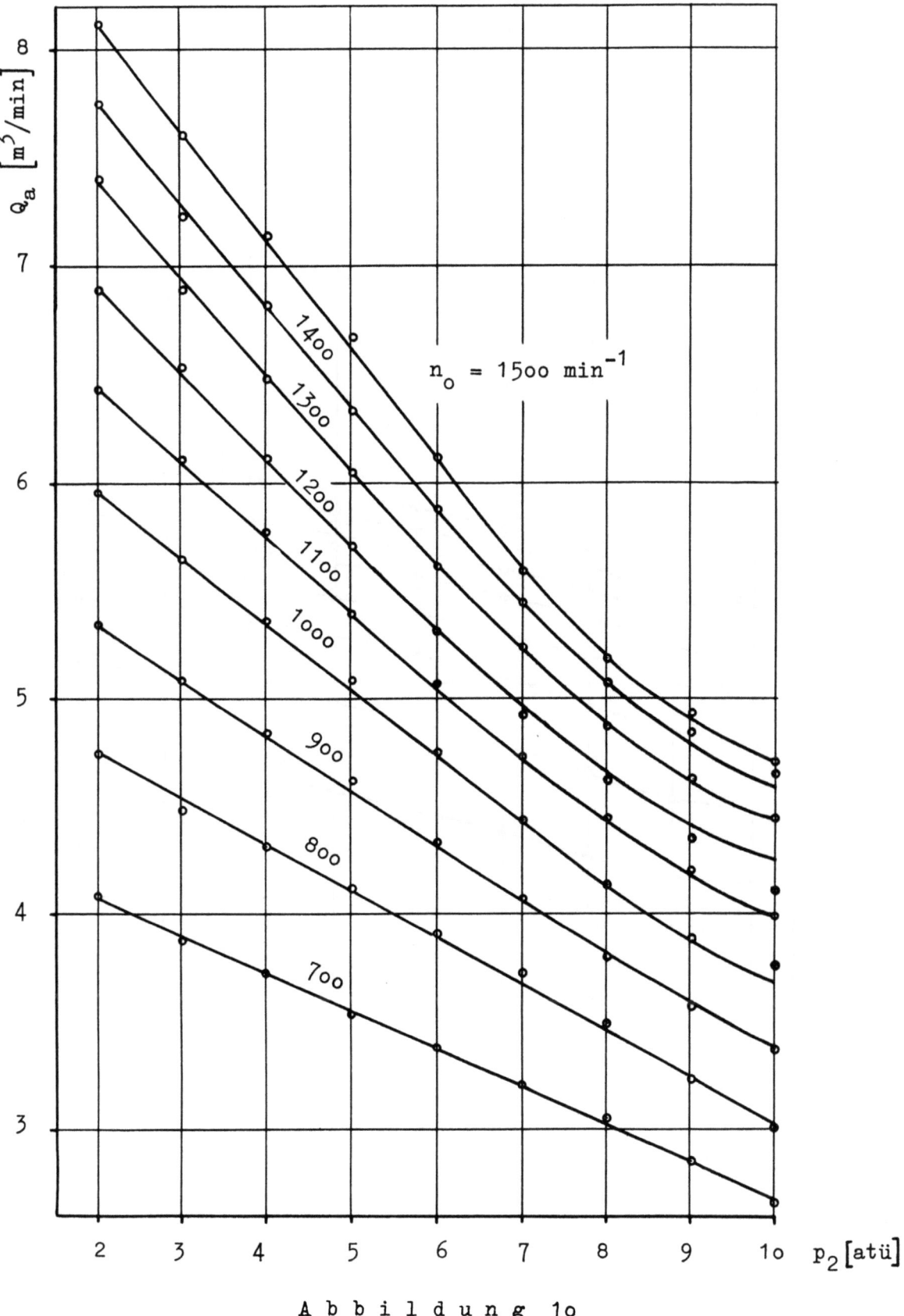

Abbildung 10

Liefermenge über Enddruck (bezogen auf Ansaugezustand)

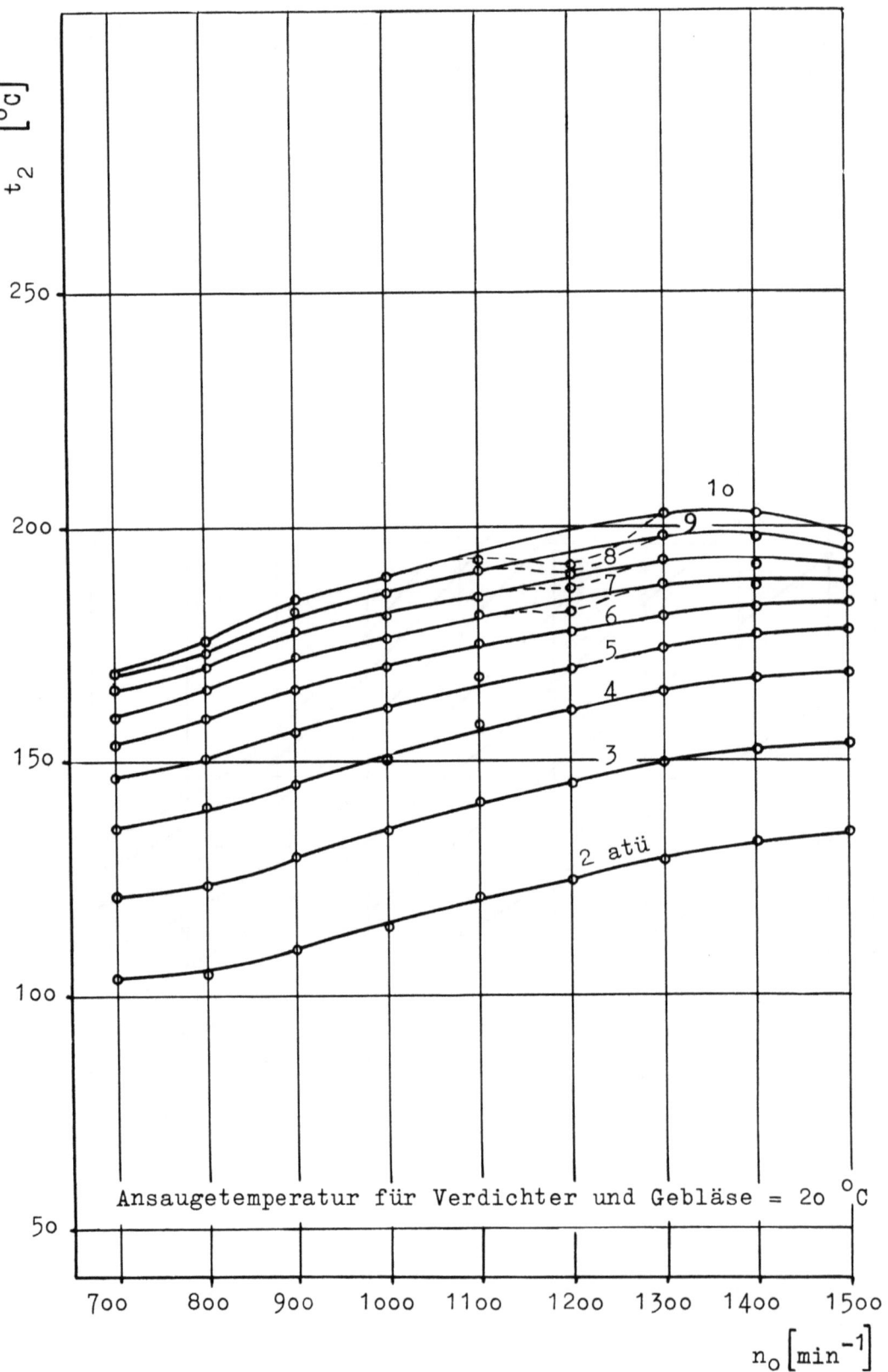

Abbildung 11

Temperatur im Druckstutzen (Mittelwert) über Drehzahl

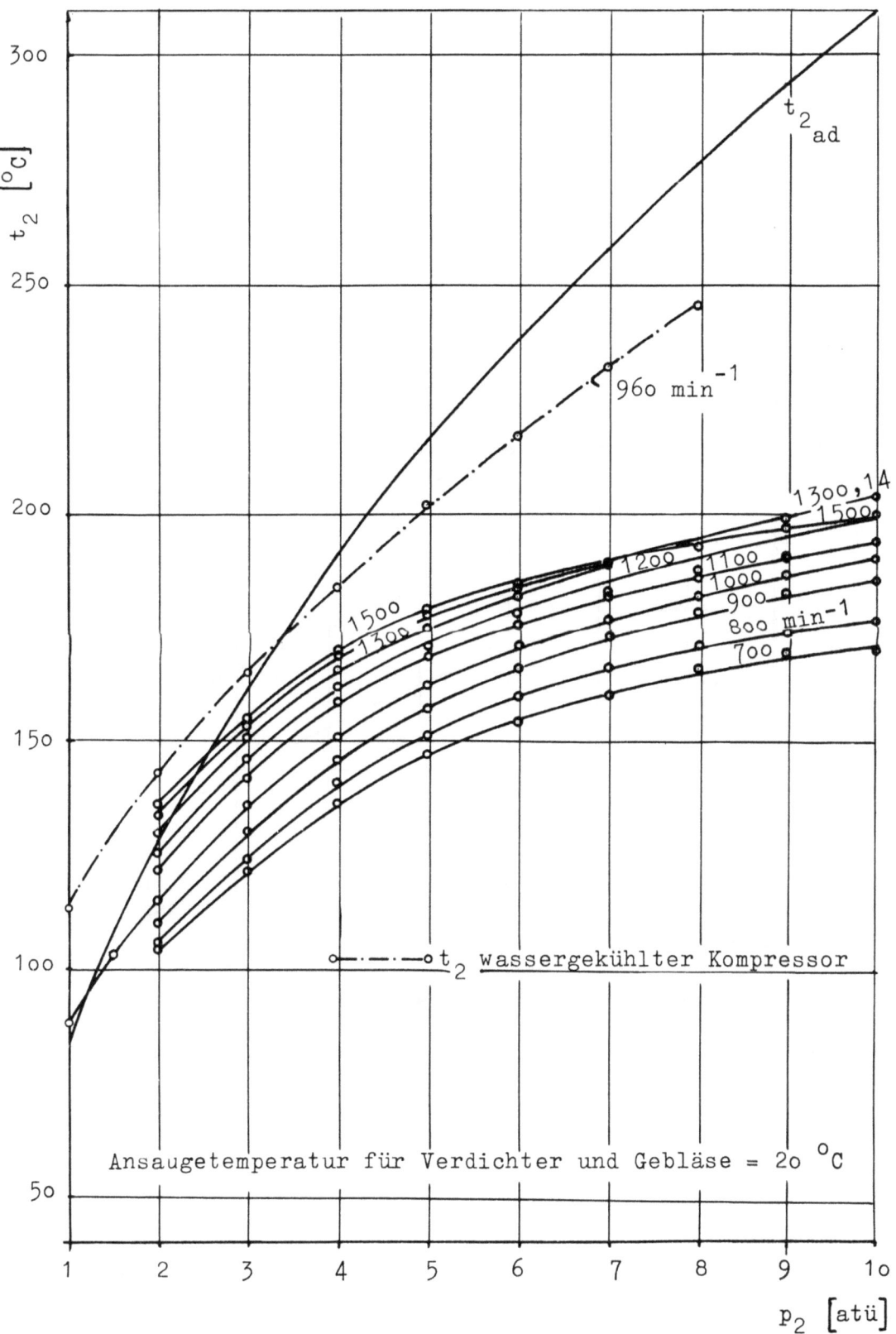

Abbildung 12

Temperatur im Druckstutzen (Mittelwert) über Enddruck

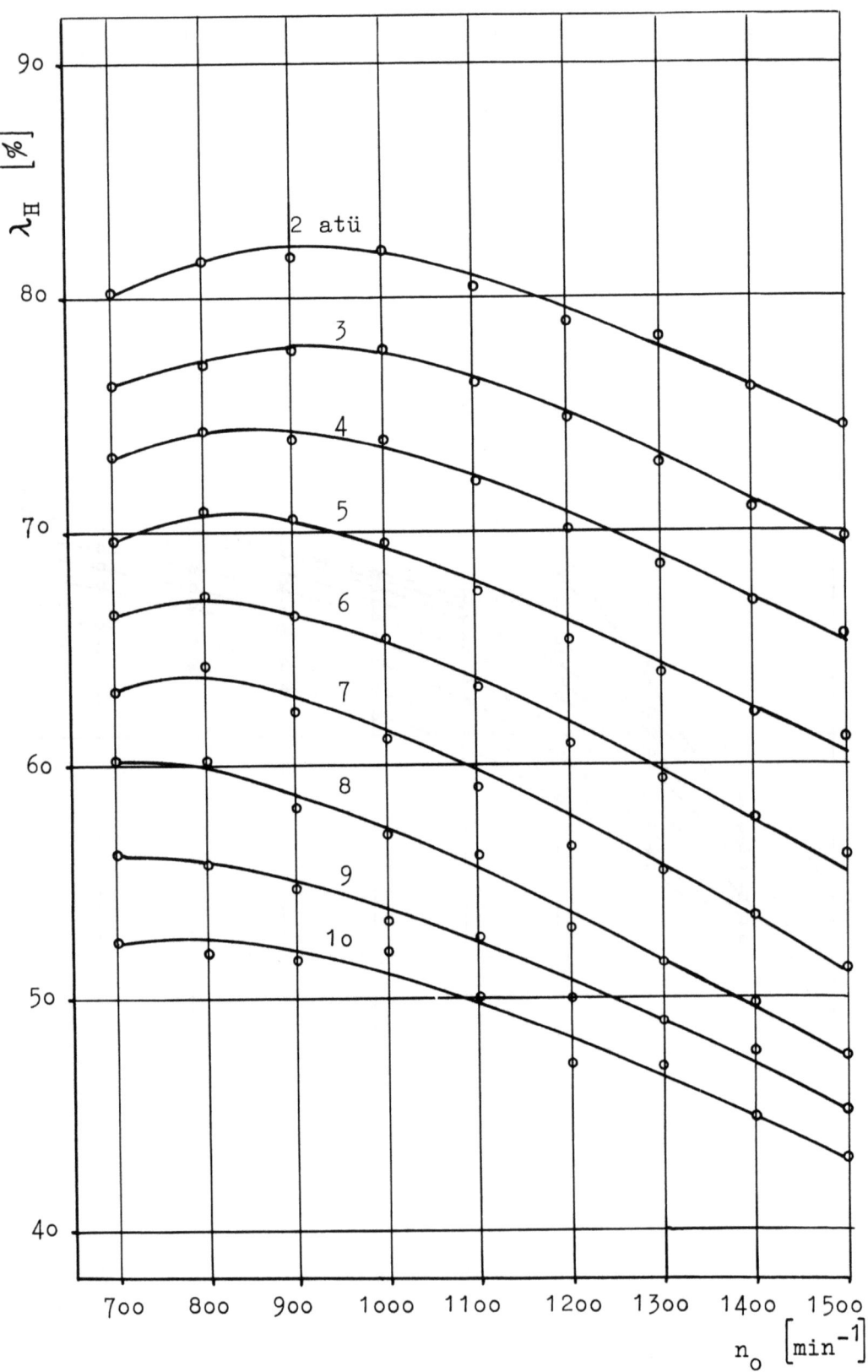

Abbildung 13
Ausnutzungsgrad über Drehzahl

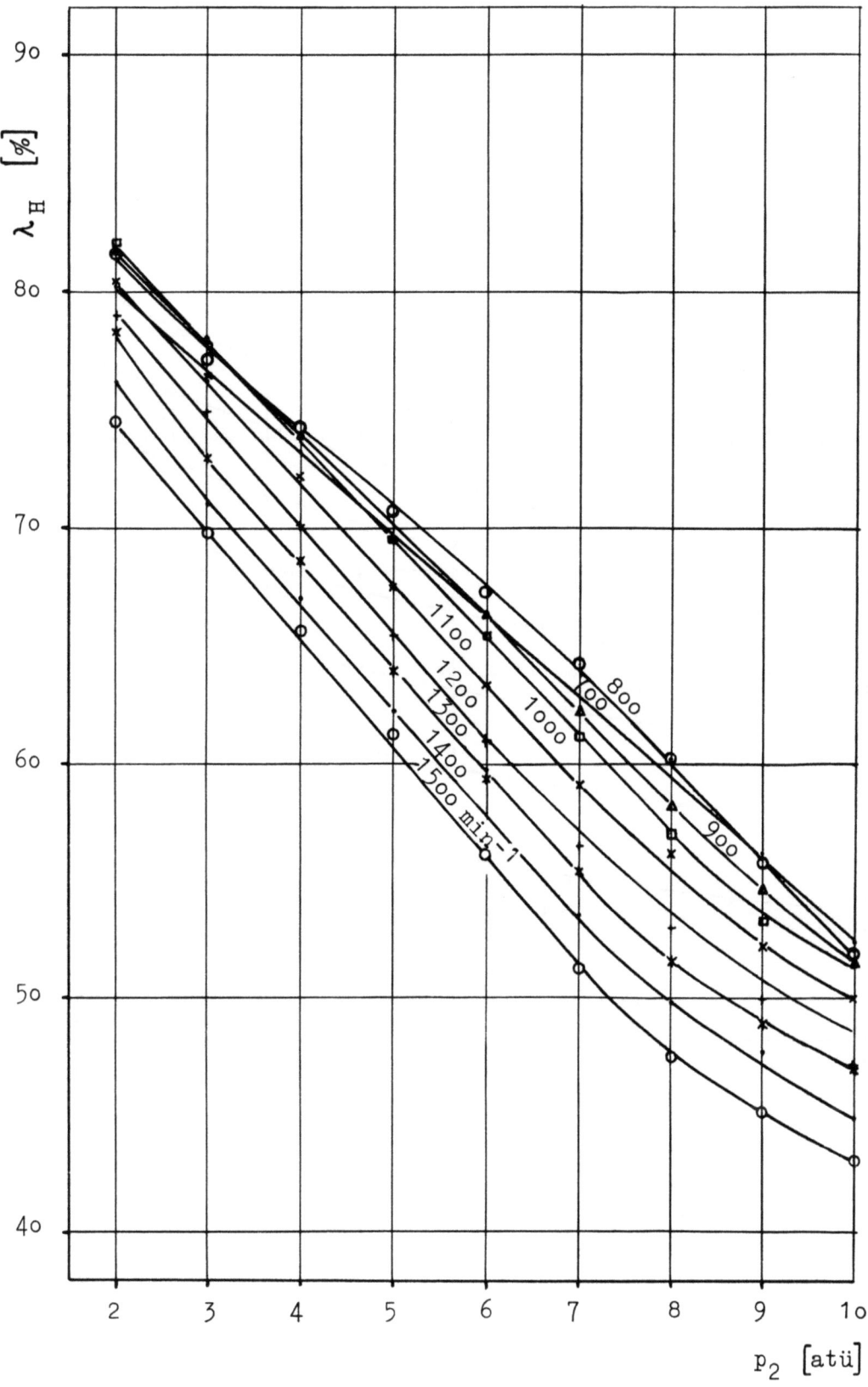

Abbildung 14
Ausnutzungsgrad über Enddruck

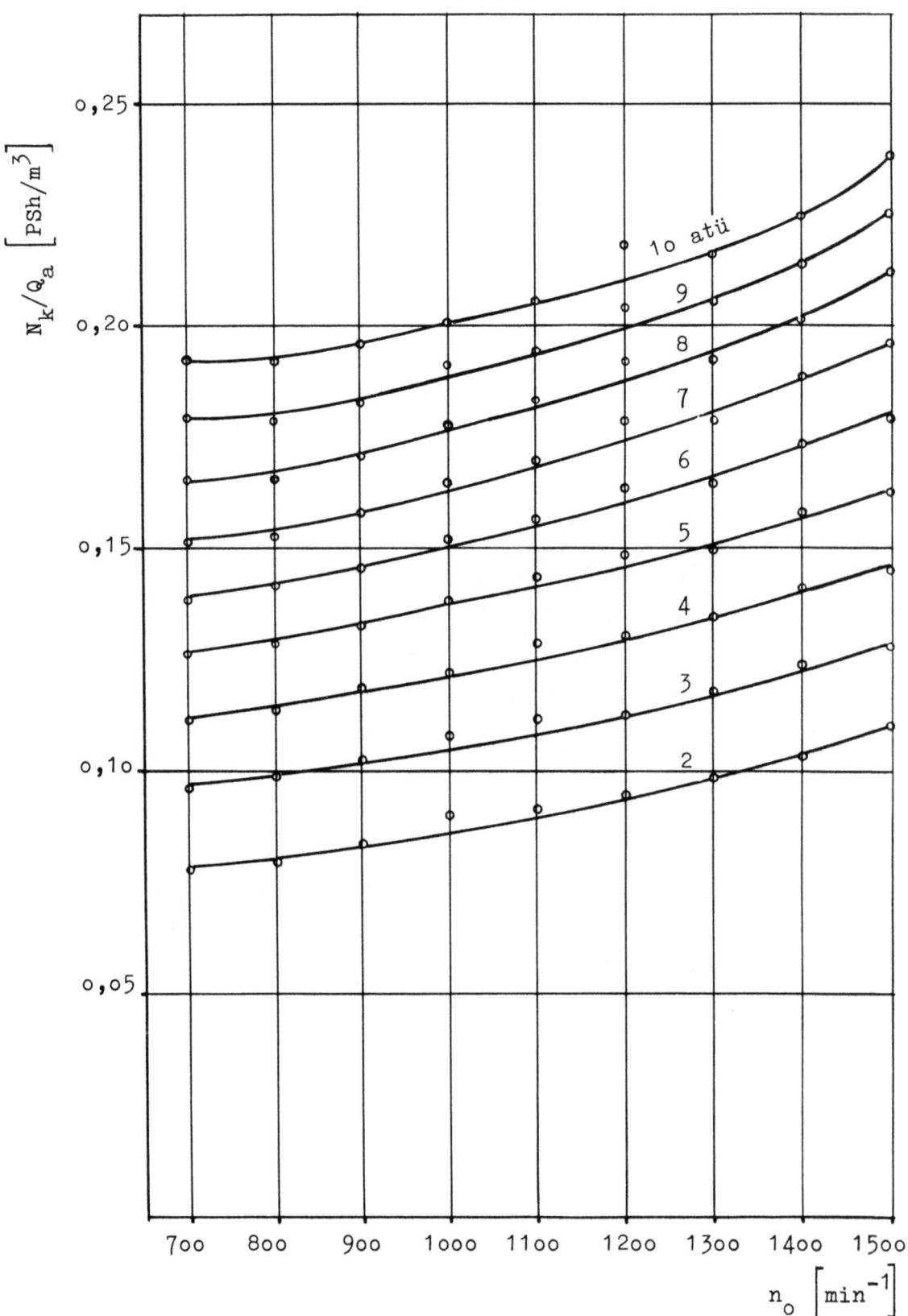

Abbildung 15

Spezifischer Leistungsbedarf über Drehzahl

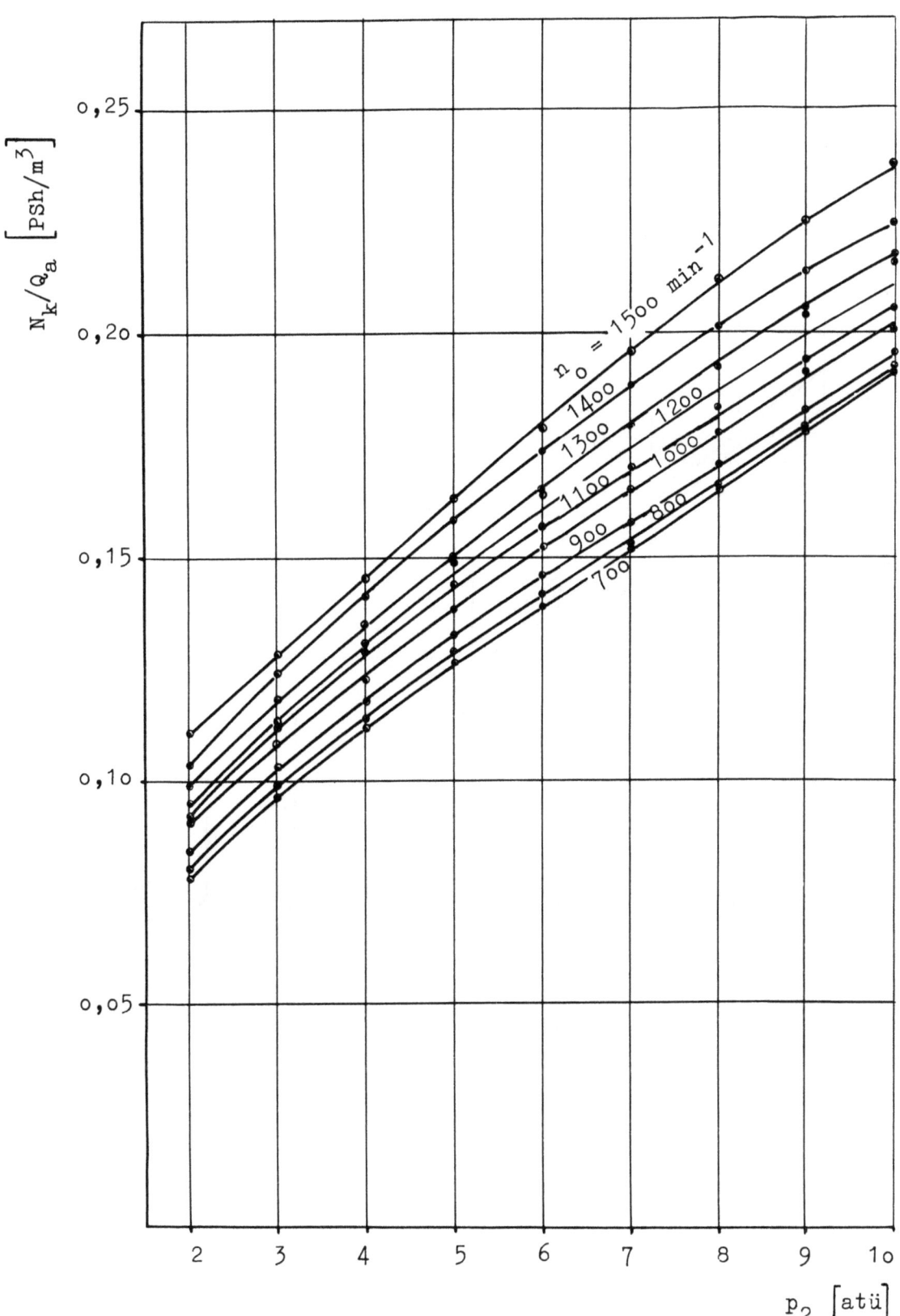

Abbildung 16

Spezifischer Leistungsbedarf über Enddruck

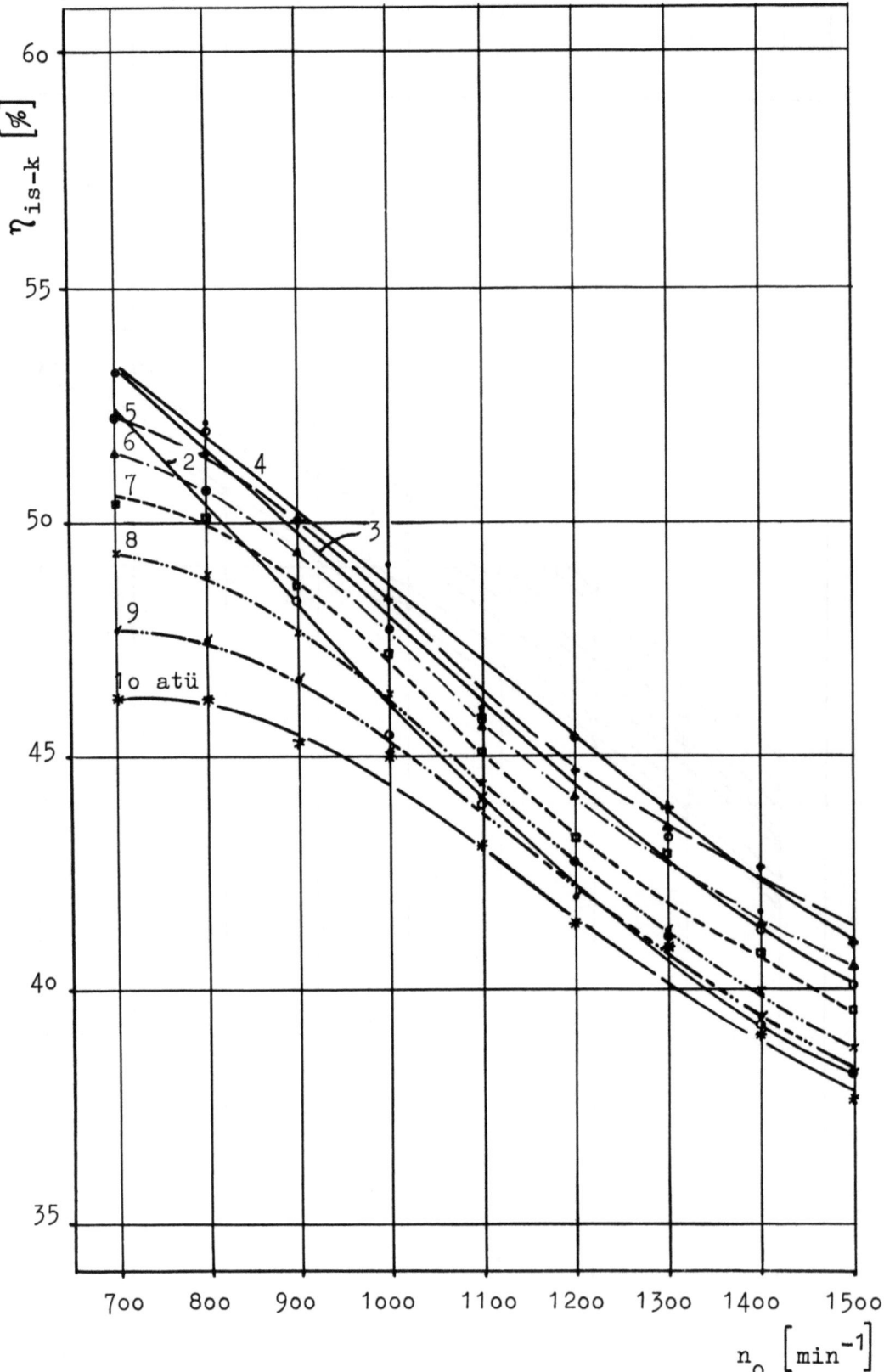

Abbildung 17
Isothermer Kupplungswirkungsgrad über Drehzahl

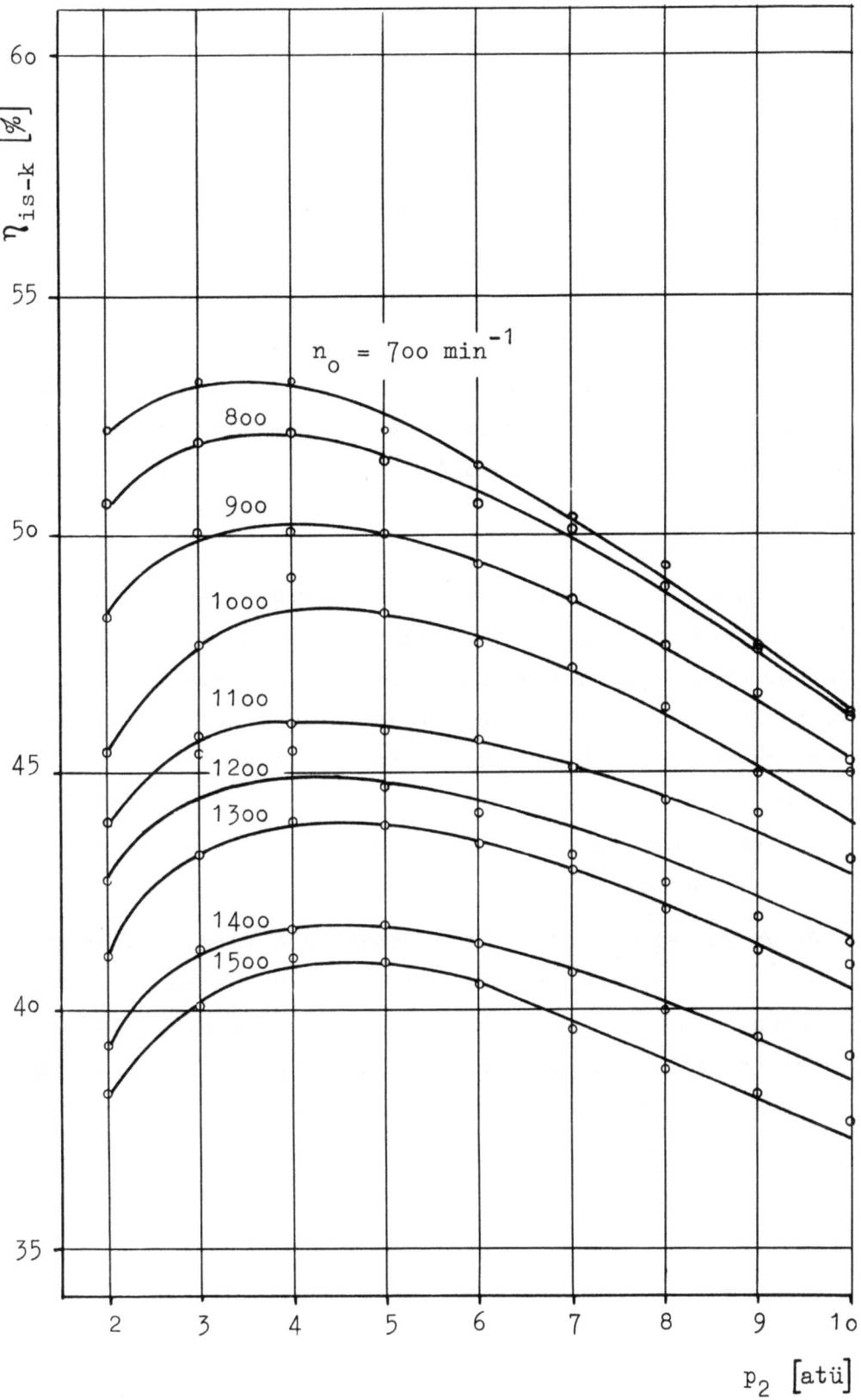

Abbildung 18
Isothermer Kupplungswirkungsgrad über Enddruck

Bei der Auftragung der mit trägen Quecksilberfadenthermometern gemessenen Temperatur t_2 als korrigierter Mittelwert der Lufttemperaturen am Austritt aus den Zylinderköpfen erkennt man in Abbildung 12 außer der für alle Kurven gleichen Tendenz des zunächst steileren, dann flacheren Anstieges mit zunehmendem Druck, daß die Kurven mit steigenden Drehzahlen gestaffelt übereinander liegen. Die Temperatur t_2 ist zunächst ja nur vom Verdichtungsverhältnis, also vom Kompressionsenddruck, abhängig und steigt mit diesem. Daß t_2 aber auch mit der Drehzahl ansteigt, erklärt sich daraus, daß die der Zylinderwand pro Zeiteinheit zugeführte Wärme mit der Drehzahl stärker ansteigt als die durch den Kühlgebläseluftstrom abtransportierte. Zwar steigt bei zunehmender Drehzahl auch die Fördermenge des Kühlgebläses, welches mit der 4,25-fachen Kurbelwellendrehzahl läuft, jedoch ändern sich augenscheinlich die Wärmeübergangsverhältnisse zu Ungunsten der Wärmeabfuhr. Die Kurven verlaufen mit zunehmendem Gegendruck flacher als Folge der geringer werdenden Liefermenge des Verdichters und der damit stärker werdenden Kühlwirkung des Gebläses, ferner aber wegen der größer werdenden Temperaturdifferenz und des damit verbundenen besseren Wärmeüberganges zwischen heißer, druckluftführender und kalter, kühlluftumströmter Zylinderseite. Die tieferen Temperaturen bei geringem Gegendruck erklären sich außer durch die geringere Verdichtungstemperatur durch die weniger dichte Luft und die dadurch wirksamere Wärmeabfuhr.

Im gleichen Diagramm ist außerdem die adiabatische Verdichtungsendtemperatur und die Druckstutzentemperatur eines wassergekühlten Kolbenkompressors des gleichen Herstellers mit ähnlichen Abmessungen, beide für $t_a = 20\ °C$, zum Vergleich aufgetragen. Die bedeutend geringeren Temperaturen der luftgekühlten Maschine darf man der äußerst intensiven Kühlwirkung durch den Gebläseluftstrom zuschreiben. Durch die konstruktiv geschickt angelegte Kühlung der Druckluft vor dem Durchgang durch das Druckventil wird die Kompressionsendtemperatur soweit gesenkt, daß nach weiterer Kühlung der Druckluft im Zylinderkopf die Temperatur t_2 selbst bei einem Druckverhältnis von $P_2/P_1 = 11$ und einer Drehzahl $n = 1500$ U/min die Grenztemperatur von 200 °C nicht übersteigt. Die geringfügige Überschreitung dieser Temperatur durch die Kurven für $n = 1300$ und 1400 U/min erklärt sich aus den relativ größeren Liefermengen bei diesen Drehzahlen und Gegendrücken von 8, 9 und 10 atü.

Forschungsberichte des Wirtschafts- und Verkehrsministeriums Nordrhein-Westfalen

Die Auftragung der Temperatur t_2 über der Drehzahl in Abbildung 11 zeigt bei n = 1200 U/min eine deutliche Absenkung der Kurvenverläufe für die Gegendrücke 7, 8, 9 und 10 atü. Diese Unstetigkeit ist eine Folge der in diesem Druck- und Drehzahlbereich entsprechend geringeren Liefermenge (siehe Abb. 9 und 10) und damit einer wirksamer werdenden Gebläsekühlwirkung.

Der Ausnutzungsgrad λ_H Abbildung 13, der die druckseitig gemessene, auf Ansaugezustand umgerechnete Liefermenge mit dem theoretischen Ansaugevolumen der Maschine bei bestimmter Drehzahl ins Verhältnis setzt, nimmt mit wachsender Drehzahl erklärlicherweise ab, da ja auch die Liefermengenkurven infolge der Drosselerscheinungen in den Ventilen nicht proportional ansteigen.

Die Auftragung des spezifischen Leistungsbedarfes N_k/Q_a über der Drehzahl Abbildung 15 zeigt einen leicht ansteigenden Kurvenverlauf mit wachsender Drehzahl. Es ist daraus zu entnehmen, daß der Zuwachs des Leistungsbedarfes in stärkerem Maße abnehmen müßte, wenn er der Abnahme der Liefermengensteigerung entsprechen sollte (waagerechte N_k/Q_a-Linie). Es ist natürlich, daß durch die wachsenden Drosselverluste der Leistungsbedarf je verdichtetem m^3 Luft steigt, also die der Maschine zugeführte Leistung bei höheren Drehzahlen schlechter ausgenutzt wird.

Der isotherme Kupplungswirkungsgrad, über der Drehzahl aufgetragen, Abbildung 17, fällt mit ähnlicher Begründung mit zunehmender Drehzahl ab. Hierbei wird ja der effektive Leistungsbedarf nicht auf die Durchsatzmenge, sondern auf den theoretischen Leistungsbedarf bei isothermer Verdichtung bezogen, wobei der effektive Leistungsbedarf im Nenner steht. Über dem Verdichtungsenddruck aufgetragen, Abbildung 18, fällt der isotherme Kupplungswirkungsgrad nach Überschreiten eines Maximums mit zunehmendem Enddruck ab, weil bei steigendem Druck die während der Verdichtung anfallenden und abzutransportierenden Wärmemengen, die jedoch nicht mehr in ausreichendem Maße abgeführt werden können, größer werden. Die Kurven zeigen deutlich zwischen 4 und 5 atü Enddruck einen Höchstwert; hierbei arbeitet die durch das Kühlgebläse hervorgerufene Wärmeabfuhr offensichtlich unter günstigsten Bedingungen. Der große Ordinatenmaßstab der Darstellung ergibt eine scheinbar stärkere Streuung der Meßpunkte als bei den anderen Kurvenscharen.

b) Ermittlung der Gebläseantriebsleistung durch Fremdantrieb

Mit diesem Versuch wurde der Anteil der Gebläseleistung an der Gesamtantriebsleistung des Aggregates ermittelt, wobei der Kompressor mit dem Saugventil I h = 1,6 mm und einem Druckventilhub h = 2,0 mm ausgestattet war. Hierbei steigt der in Abbildung 19 schraffiert dargestellte Anteil

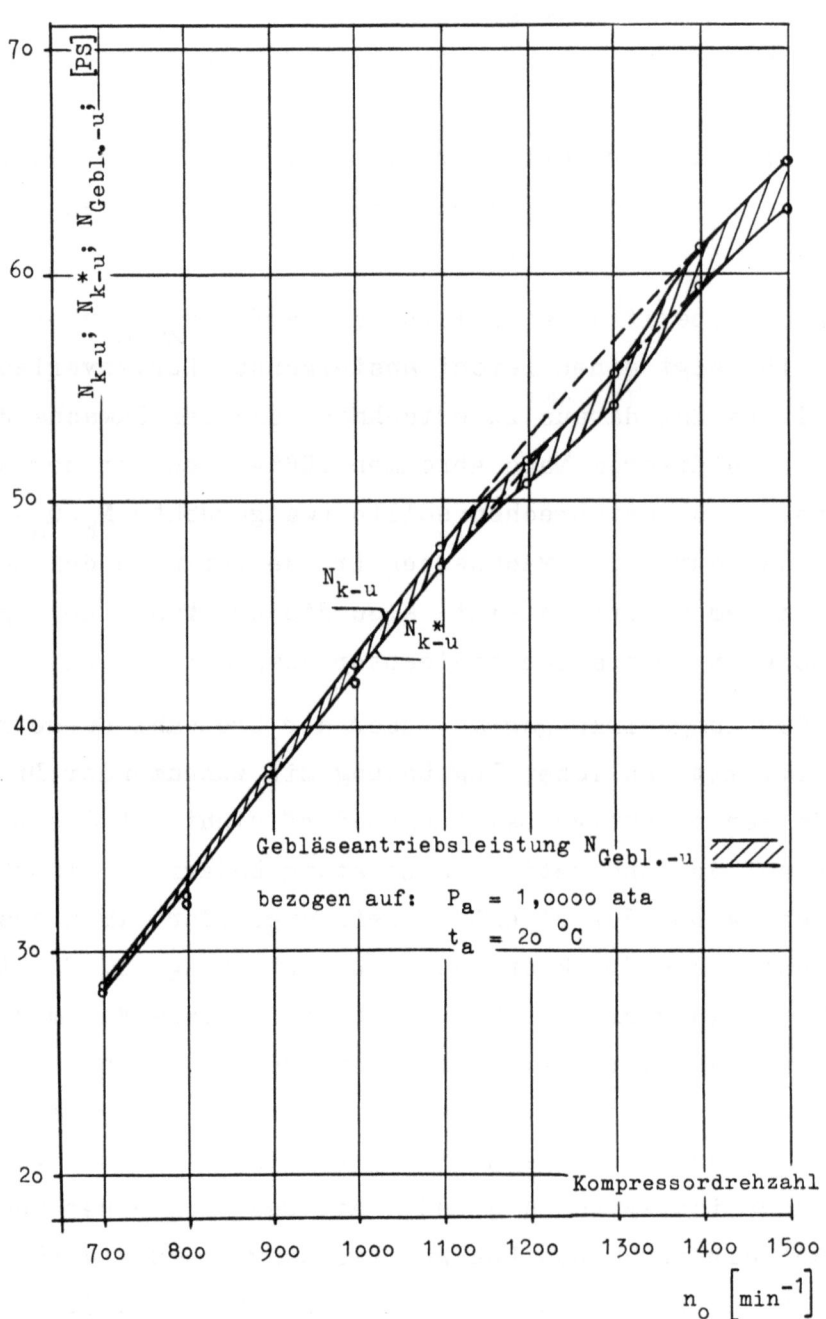

Abbildung 19
Antriebsleistung für Kompressor und Gesamtantriebsleistung über Drehzahl; Enddruck $p_2 = 6{,}0$ atü

Forschungsberichte des Wirtschafts- und Verkehrsministeriums Nordrhein-Westfalen

Fremdantrieb des Kühlgebläses
$p_2 = 6{,}0$ atü; Kompressorleistung

Bezeich- nung	Formel	Dimension	245	246	247	248	249	250	251	252	253
ba_{korr}		mm Hg	741,5	741,5	741,3	741,3	741,3	741,4	741,4	741,4	741,4
p_2		atü	6,00								→
n		U/min	701	800	900	1000	1100	1200	1300	1400	1500
G_p		kg	27,360	28,060	28,323	28,448	29,023	28,598	28,223	28,735	28,335
t_a		°C	20,1	20,0	19,9	20,1	19,9	20,1	20,0	20,1	20,0
h_s		mm WS	−58	−63	−73	−65	−76	−85	−95	−100	−115
P_o	$P_o = ba_{korr} \cdot 13{,}6$	kg/m²	10084	10084	10082	10082	10082	10083	10083	10083	10083
P_a	$P_a = P_o - h_s$	kg/m²	10026	10021	10009	10017	10006	9998	9988	9983	9968
T_a	$T_a = t_a + 273$	°K	293,1	293,0	292,9	293,1	292,9	293,1	293,0	293,1	293,0
γ_a	$\gamma_a = \frac{P_a}{R \cdot T_a}$	kg/m³	1,169	1,168	1,167	1,168	1,167	1,165	1,165	1,164	1,162
$\gamma_{a(N)}/\gamma_a$	$\gamma_{a(N)} = \frac{10\,000}{29{,}27\cdot 293} = 1{,}166$	−	0,9974	0,9983	0,9991	0,9983	0,9991	1,0008	1,0008	1,0017	1,0034
P_2	$P_2 = P_o + p_2 \cdot 10^4$	kg/m²	70084	70084	70082	70082	70082	70083	70083	70083	70083
P_2/P_a		−	6,9902	6,9937	7,0018	6,9962	7,0039	7,0097	7,0167	7,0202	7,0307
$\ln P_2/P_a$		−	1,9445	1,9451	1,9462	1,9453	1,9465	1,9473	1,9483	1,9487	1,9502
N_k^*	$N_k^* = \frac{G_p \cdot n \cdot 1{,}057}{716{,}2}$	PS	28,31	33,13	37,62	41,98	47,12	50,65	54,15	59,37	62,73
N_{k-u}^*	$N_{k-u}^* = N_k^* \cdot \frac{\gamma_{a(N)} \cdot \ln 7}{\gamma_a \cdot \ln(P_2/P_a)}$	PS	28,22	33,09	37,58	41,92	47,06	50,66	54,13	59,39	62,80
$h_{s\text{-Gebl.}}$		mm WS	−9	−11	−13	−16	−20	−23	−27	−32	−36
t_{vm}		°C	20,1	19,8	20,0	20,2	20,1	19,8	19,9	19,9	20,1
$P_{a\text{-Gebl.}}$	$P_{a\text{-Gebl.}} = P_o - h_{s\text{-Gebl.}}$	kg/m²	10075	10073	10069	10066	10062	10060	10056	10051	10047
$T_{a\text{-Gebl.}}$	$T_{a\text{-Gebl.}} = 273 + t_{vm}$	°K	293,1	292,8	293,0	293,2	293,1	292,8	292,9	292,9	293,1
$\gamma_{a\text{-Gebl.}}$	$\gamma_{a\text{-Gebl.}} = \frac{P_{a\text{-Gebl.}}}{R \cdot T_{a\text{-Gebl.}}}$	kg/m³	1,174	1,175	1,174	1,173	1,173	1,174	1,173	1,172	1,171
$\gamma_{a(N)}/\gamma_{a\text{-Gebl}}$	$\gamma_{a(N)} = \frac{10\,000}{29{,}27 \cdot 293} = 1{,}166$	−	0,9931	0,9923	0,9931	0,9940	0,9940	0,9931	0,9940	0,9948	0,9957
n_M	Pendelmotor Fremdantrieb	U/min	1492	1715	1931	2162	2374	2612	2844	3076	3285
G_M		kg	0,410	0,450	0,545	0,615	0,6325	0,725	0,8575	0,9375	1,050
N_M	$N_M = \frac{G_M \cdot n_M \cdot 0{,}5}{716{,}2}$	PS	0,4271	0,5388	0,7347	0,9283	1,0483	1,3220	1,7025	2,0132	2,4080
N_{Leer}	aus Leerlaufkurve	PS	0,1145	0,1250	0,1344	0,1415	0,1475	0,1520	0,1556	0,1580	0,1595
η_s	$\eta_s = 2{,}08 \cdot \frac{n}{n_M} \cdot 100$	%	97,5	97,0	97,0	96,2	96,3	95,6	95,0	94,6	95,0
$N_{Gebl.}$	$N_{Gebl.} = (N_M - N_{Leer}) \cdot \eta_s$	PS	0,305	0,401	0,5825	0,757	0,867	1,119	1,470	1,755	2,135
$N_{Gebl.-u}$	$N_{Gebl.-u} = N_{Gebl.} \cdot \frac{\gamma_{a(N)}}{\gamma_{a\text{-Gebl.}}}$	PS	0,303	0,398	0,579	0,751	0,861	1,110	1,460	1,748	2,128
N_{k-u}	$N_{k-u} = N_{k-u}^* + N_{Gebl.-u}$	PS	28,523	33,488	38,159	42,671	47,921	51,770	55,590	61,138	64,928
Leist.- Anteil	$= \frac{N_{Gebl.-u}}{N_{k-u}} \cdot 100$	%	1,06	1,2	1,53	1,775	1,81	2,16	2,64	2,87	3,30

Seite 39

der Gebläseleistung von 1 % der Gesamtantriebsleistung des Kompressors bei 700 U/min auf 3,3 % bei 1500 U/min. Auch in dem Diagramm $N_k = f(p_2)$ Abbildung 8 sind durch Schraffurstreifen die Gebläseantriebsleistungen markiert.

6. Zusammenfassung

Im Institut für Turbomaschinen der T.H. Aachen wurde der Kolbenkompressor mit Kühlgebläse Typ LL 50 der Firma Flottmann-Werke G.m.b.H., Herne in Westf., Nr. 72 108 einer eingehenden Untersuchung unterzogen. Nach der Aufnahme eines Betriebsfeldes über einen Druckbereich von 2,0 bis 10,0 atü und einem Drehzahlbereich von 700 bis 1500 U/min im Anlieferungszustand wurde durch einen Sonderversuch der Anteil des Gebläseleistungsbedarfes am Gesamtleistungsbedarf des Kompressors ermittelt. Gewisse Unstetigkeiten im Bereich der Drehzahlen 1200 und 1300 (1400) U/min sind vielleicht nur der untersuchten Maschine eigen. Die in den für die Temperaturmessung vorgesehenen Tauchhülsen gemessenen Temperaturen überschreiten selbst bei einem Enddruck von 10 atü und einer Drehzahl von 1500 U/min den Grenzwert von 200 °C nicht. Die Maschine wurde im Versuchsbetrieb bei 1500 U/min und 10,0 atü Gegendruck ohne Störungen gefahren; Ölkohleansatz und Ölverbrennungen wurden hierbei im Druckventil nicht festgestellt. Der untersuchte Kompressor war bei diesem Versuchsprogramm insgesamt ca. 200 bis 250 Stunden mit wechselnder Belastung und Drehzahl in Betrieb, so daß sich der Wärmezustand der Maschine dauernd änderte, was einer hohen thermischen Beanspruchung entsprach. Es traten dabei weder Brüche beweglicher Ventilteile noch sonstige Maschinenschäden auf. Eine Bewährung im Dauerbetrieb bei den höchsten untersuchten Druckverhältnissen und Drehzahlen kann natürlich aus der vorliegenden Untersuchung nicht entnommen werden.

Prof. Dr.-Ing. Karl LEIST, Aachen
Dipl.-Ing. Helmut SCHEELE, Aachen

Forschungsberichte des Wirtschafts- und Verkehrsministeriums Nordrhein-Westfalen

7. Tabellen

a) Meßprotokoll Versuch $n_o = 700$ U/min

Bezeich-nung	Formel	Dimension	65	66	67	68	69	70	71	72	73
Datum		-	10.12.1954								→
ba_{korr}		mm Hg	735,8	735,8	735,8	736,0	736,3	736,3	736,6	736,8	736,8
p_2		atü	2,00	3,00	4,00	5,00	6,00	7,00	8,00	9,00	10,00
n		U/min	700	700	700	698	695	696	704	703	703
G_p		kg	18,457	21,685	24,148	26,060	27,435	28,423	29,230	29,623	29,697
t_a		°C	20,0	19,9	20,1	20,0	20,0	20,2	20,0	20,0	19,9
t_{v1}		°C	20,7	20,3	21,0	20,3	20,5	20,3	20,3	20,6	20,8
t_{v2}		°C	19,5	18,5	19,3	18,5	19,1	18,9	19,1	19,2	18,8
t_{vm}	$t_{vm} = \frac{t_{v1}+t_{v2}}{2}$	°C	20,1	19,4	20,2	19,4	19,8	19,6	19,7	19,9	19,8
t_{D1}		°C	103,8	120,0	134,3	145,2	151,2	156,3	161,4	163,7	162,3
t_{D2}		°C	103,7	120,6	135,3	146,9	154,9	161,3	168,6	173,6	174,4
t_{D3}		°C	101,5	118,9	133,2	143,2	150,3	156,1	161,4	165,1	166,8
t_{D4}		°C	103,5	119,9	134,1	144,0	150,2	154,6	159,4	161,8	162,3
t_{Dm}	$t_{Dm} = \frac{t_{D1}+t_{D2}+t_{D3}+t_{D4}}{4}$	°C	103,1	119,9	134,2	144,8	151,6	157,1	162,7	166,0	166,4
Δt_{Faden}	aus Kurve	°C	0,7	1,3	1,7	2,05	2,3	2,6	2,8	3,0	3,0
t_2	$t_2 = t_{Dm} + \Delta t_{Faden}$	°C	103,8	121,2	135,9	146,9	153,9	159,7	165,5	169,0	169,4
h_s		mm WS	- 81	- 71	- 65	- 60	- 55	- 50	- 46	- 42	- 38
p_B		mm Hg	174,7	158,3	148,0	135,4	122,8	110,8	105,2	90,8	79,0
H		mm Hg	222,2	202,5	189,3	172,8	157,0	142,3	133,6	116,3	101,5
t_B		°C	45,5	49,4	52,2	55,2	55,8	56,0	56,4	56,1	54,4
t_{Raum}		°C	25,2	24,4	25,0	24,8	25,1	25,7	26,1	26,5	26,0

Forschungsberichte des Wirtschafts- und Verkehrsministeriums Nordrhein-Westfalen

Auswertung Versuch $n_o = 700$

Bezeichnung	Formel	Dimension	65	66	67	68	69	70	71	72	73
P_o	$ba_{korr} \cdot 13,6$	kg/m²	10007	10007	10007	10010	10014	10014	10014	10020	10020
P_a	$P_o - h_s$	kg/m²	9926	9936	9942	9950	9959	9964	9968	9978	9982
T_a	$t_a + 273$	°K	293,0	292,9	293,1	293,0	293,0	293,2	293,0	293,0	292,9
γ_a	$\frac{P_a}{R \cdot T_a}$	kg/m³	1,157	1,159	1,159	1,160	1,161	1,161	1,162	1,163	1,164
$\gamma_{a(N)}$	$\frac{10\,000}{29,27 \cdot 293}$	kg/m³	1,166								
$\gamma_{a(N)}/\gamma_a$		-	1,008	1,006	1,006	1,005	1,004	1,004	1,003	1,003	1,002
n_o/n		-	1,000	1,000	1,000	1,003	1,007	1,006	0,994	0,996	0,996
$h = \Delta P_B$	$H \cdot 13,55$	kg/m²	3011	2744	2565	2341	2127	1928	1810	1576	1375
P_B^*	$p_B \cdot 13,55$	kg/m²	2367	2145	2005	1835	1664	1501	1425	1230	1070
P_B	$P_B^* + P_o$	kg/m²	12374	12152	12012	11845	11678	11515	11439	11250	11090
$\Delta P_B/P_B$		-	0,243	0,226	0,214	0,198	0,182	0,167	0,158	0,140	0,124
ε	$f(k;\, m;\, \Delta P_B/P_B)$	-	0,922	0,928	0,931	0,936	0,942	0,947	0,949	0,955	0,960
T_B	$t_B + 273$	°K	318,5	322,4	325,2	328,2	328,8	329,0	329,4	329,1	327,4
γ_B	$\frac{P_B}{R \cdot T_B}$	kg/m³	1,327	1,288	1,262	1,233	1,213	1,196	1,186	1,168	1,157
G	$0,0814 \cdot \varepsilon \cdot \sqrt{\gamma_B} \cdot \sqrt{\Delta P_B}$	kg/min	4,722	4,493	4,314	4,093	3,896	3,705	3,575	3,333	3,117
Q_a	G/γ_a	m³/min	4,081	3,877	3,722	3,528	3,356	3,191	3,077	2,866	2,678
$Q_{a(n_o)}$	$Q_a \cdot (n_o/n)$	m³/min	4,081	3,877	3,722	3,539	3,379	3,210	3,059	2,855	2,665
Q_{theor}	$\sum V_H \cdot n_o$	m³/min	5,086								
λ_H	$Q_{a(n_o)} \cdot 100/Q_{theor}$	%	80,24	76,23	73,18	69,58	66,44	63,11	60,15	56,13	52,40
P_2	$P_o + p_2 \cdot 10^4$	kg/m²	30007	40007	50007	60010	70014	80014	90014	100020	110020
P_2/P_a		-	3,023	4,026	5,030	6,031	7,030	8,030	9,030	10,024	11,021
$\ln(P_2/P_a)$		-	1,1063	1,3927	1,6154	1,7969	1,9502	2,0832	2,2005	2,3049	2,3997
$\frac{\ln(3\ldots11)}{\ln(P_2/P_a)}$		-	0,996	0,994	0,996	0,997	0,997	0,998	0,998	0,999	0,998
H_{is}	$R \cdot T_a \cdot \ln(P_2/P_a)$	mkg/kg	9488	11941	13859	15410	16725	17878	18872	19767	20573
N_{is}	$H_{is} \cdot G / 75 \cdot 60$	PS	9,96	11,92	13,28	14,02	14,48	14,72	14,99	14,64	14,25
N_k	$G_P \cdot 1 \cdot n / 716,2$	PS	19,07	22,40	24,95	26,85	28,14	29,20	30,37	30,73	30,81
N_{k-u}	$N_k \cdot \frac{\gamma_{a(N)}}{\gamma_a} \cdot \frac{\ln(3\ldots11)}{\ln(P_2/P_a)}$	PS	19,09	22,42	24,97	26,98	28,39	29,43	30,25	30,67	30,72
N_k/Q_a	$N_k/Q_a \cdot 60$	PSh/m³	0,0779	0,0963	0,1118	0,1265	0,1388	0,1516	0,1655	0,1795	0,1927
η_{is-k}	$N_{is} \cdot 100/N_k$	%	52,22	53,2	53,22	52,2	51,47	50,4	49,37	47,66	46,26

b) Meßprotokoll Versuch n_o = 800 U/min

Bezeich-nung	Formel	Dimension	74	75	76	77	78	79	80	81	82
Datum			10.12.1954								→
ba_{korr}		mm Hg	737,4	738,8	738,8	738,0	738,2	738,2	738,2	738,3	738,4
p_2		atü	2,00	3,00	4,00	5,00	6,00	7,00	8,00	9,00	10,00
n		U/min	799	800	800	800	800	800	800	800	800
G_P		kg	19,345	22,498	25,035	26,910	28,225	29,098	29,525	29,473	29,460
t_a		°C	19,8	20,3	20,0	19,9	19,6	20,1	19,9	20,0	19,9
t_{v1}		°C	20,3	20,1	20,6	20,4	20,8	20,7	20,9	21,0	20,6
t_{v2}		°C	18,9	18,6	19,5	19,0	19,3	18,9	18,9	19,2	19,1
t_{vm}	$t_{vm} = \frac{t_{v1} + t_{v2}}{2}$	°C	19,8	19,4	20,1	19,7	20,1	19,8	19,9	20,1	19,9
t_{D1}		°C	104,2	122,7	137,3	148,2	155,8	160,4	164,0	166,1	166,1
t_{D2}		°C	104,0	122,7	138,3	150,2	159,4	166,5	171,9	174,1	175,1
t_{D3}		°C	103,0	121,8	136,2	147,2	155,9	162,1	167,4	171,6	174,0
t_{D4}		°C	105,0	123,2	138,2	149,0	156,3	162,1	166,1	168,8	171,1
t_{Dm}	$t_{Dm} = \frac{t_{D1}+t_{D2}+t_{D3}+t_{D4}}{4}$	°C	104,1	122,6	137,8	148,7	156,9	162,8	167,4	170,1	172,8
Δt_{Faden}	aus Kurve	°C	0,7	1,3	1,8	2,3	2,6	2,8	3,0	3,2	3,3
t_2	$t_2 = t_{Dm} + \Delta t_{Faden}$	°C	104,8	123,9	139,6	151,0	159,5	165,6	170,4	173,3	176,1
h_s		mm WS	− 105	− 93	− 88	− 81	− 75	− 69	− 62	− 54	− 47
p_B		mm Hg	232,3	211,8	200,0	184,5	168,3	151,8	134,0	116,0	102,0
H		mm Hg	296,3	270,5	255,0	234,0	213,5	195,5	172,5	148,5	130,0
t_B		°C	51,2	55,8	58,2	59,4	60,5	60,6	60,3	60,0	59,0
t_{Raum}		°C	25,3	25,6	26,1	26,3	26,8	27,6	27,7	28,0	28,3

Forschungsberichte des Wirtschafts- und Verkehrsministeriums Nordrhein-Westfalen

Auswertung Versuch n_o = 800 U/min

Bezeich-nung	Formel	Dimension	74	75	76	77	78	79	80	81	82
P_o	$ba_{korr} \cdot 13,6$	kg/m²	10029	10048	10048	10037	10040	10040	10040	10041	10042
P_a	$P_o - h_s$	kg/m²	9924	9955	9960	9956	9965	9971	9978	9987	9995
T_a	$t_a + 273$	°K	292,8	293,3	293,0	292,9	292,6	293,1	292,9	293,0	292,9
γ_a	$\frac{P_a}{R \cdot T_a}$	kg/m³	1,158	1,160	1,161	1,161	1,164	1,162	1,164	1,165	1,166
$\gamma_{a(N)}$	$\frac{10\,000}{29,27 \cdot 293}$	kg/m³	1,166	→	→	→	→	→	→	→	→
$\gamma_{a(N)}/\gamma_a$		-	1,007	1,005	1,004	1,004	1,002	1,003	1,002	1,001	1,000
n_o/n		-	1,001	1,000	1,000	1,000	1,000	1,000	1,000	1,000	1,000
$h = \Delta P_B$	$H \cdot 13,55$	kg/m²	4015	3665	3455	3171	2893	2649	2337	2012	1762
P_B^*	$p_B \cdot 13,55$	kg/m²	3148	2870	2710	2500	2280	2057	1816	1572	1382
P_B	$P_B^* + P_o$	kg/m²	13177	12918	12758	12537	12320	12097	11856	11613	11424
$\Delta P_B/P_B$		-	0,305	0,284	0,271	0,253	0,235	0,219	0,197	0,173	0,154
ε	$f(k; m; \Delta P_B/P_B)$	-	0,902	0,909	0,913	0,919	0,925	0,929	0,937	0,945	0,950
T_B	$t_B + 273$	°K	324,2	328,5	331,2	332,4	333,5	333,6	333,3	333,0	332,0
γ_B	$\frac{P_B}{R \cdot T_B}$	kg/m³	1,389	1,344	1,316	1,289	1,262	1,239	1,215	1,191	1,176
G	$0,0814 \cdot \varepsilon \cdot \sqrt{\gamma_B} \cdot \sqrt{\Delta P_B}$	kg/min	5,484	5,197	5,012	4,782	4,549	4,337	4,069	3,770	3,519
Q_a	G/γ_a	m³/min	4,736	4,480	4,317	4,119	3,908	3,732	3,496	3,236	3,018
$Q_{a(n_o)}$	$Q_a \cdot (n_o/n)$	m³/min	4,741	4,480	4,317	4,119	3,908	3,732	3,496	3,236	3,018
Q_{theor}	$\sum V_H \cdot n_o$	m³/min	5,813	→	→	→	→	→	→	→	→
λ_H	$Q_{a(n_o)} \cdot 100/Q_{theor}$	%	81,55	77,06	74,26	70,86	67,23	64,20	60,14	55,67	51,92
P_2	$P_o + p_2 \cdot 10^4$	kg/m²	30029	40048	50048	60037	70040	80040	90040	100041	110042
P_2/P_a		-	3,026	4,022	5,025	6,030	7,029	8,027	9,024	10,017	11,009
$\ln(P_2/P_a)$		-	1,1072	1,3918	1,6144	1,7967	1,9500	2,0828	2,1998	2,3043	2,3987
$\frac{\ln(3...11)}{\ln(P_2/P_a)}$		-	0,992	0,996	0,997	0,997	0,998	0,998	0,999	0,999	1,000
H_{is}	$R \cdot T_a \cdot \ln(P_2/P_a)$	mkg/kg	9489	11948	13845	15403	16701	17868	18859	19762	20564
N_{is}	$H_{is} \cdot G / 75 \cdot 60$	PS	11,56	13,80	15,42	16,37	16,88	17,22	17,05	16,56	16,08
N_k	$G_P \cdot l \cdot n / 716,2$	PS	22,81	26,56	29,56	31,77	33,33	34,36	34,86	34,80	34,78
N_{k-u}	$N_k \cdot \frac{\gamma_{a(N)}}{\gamma_a} \cdot \frac{\ln(3...11)}{\ln(P_2/P_a)}$	PS	22,81	26,59	29,59	31,80	33,33	34,39	34,89	34,80	34,78
N_k/Q_a	$N_k/Q_a \cdot 60$	PSh/m³	0,080	0,099	0,114	0,129	0,142	0,153	0,166	0,179	0,192
η_{is-k}	$N_{is} \cdot 100/N_k$	%	50,68	51,96	52,17	51,53	50,65	50,12	48,91	47,59	46,23

c) Meßprotokoll Versuch n_o = 900 U/min

Bezeich-nung	Formel	Dimension	83	84	85	86	87	88	89	90	91
Datum			11.12.1954	→							
ba_{korr}		mm Hg	740,4	740,4	740,3	740,2	740,3	740,2	740,2	740,2	740,3
p_2		atü	2,00	3,00	4,00	5,00	6,00	7,00	8,00	9,00	10,00
n		U/min	900	900	900	900	900	900	900	900	900
G_p		kg	20,342	23,560	25,998	27,648	28,610	29,098	29,335	29,510	29,910
t_a		°C	20,1	20,1	20,0	20,0	19,9	20,1	19,8	20,1	19,9
t_{v1}		°C	20,4	20,4	20,5	20,5	20,7	20,8	21,2	21,0	21,1
t_{v2}		°C	19,5	19,6	19,2	19,2	19,2	19,2	19,2	19,2	19,2
t_{vm}	$t_{vm} = \frac{t_{v1} + t_{v2}}{2}$	°C	20,0	20,0	19,9	19,9	20,0	20,0	20,2	20,1	20,2
t_{D1}		°C	109,2	128,9	143,3	154,0	161,4	167,4	172,0	175,2	177,0
t_{D2}		°C	108,9	127,9	144,2	156,5	165,1	172,5	177,8	182,5	185,0
t_{D3}		°C	107,9	127,5	142,9	154,0	162,7	170,0	176,0	180,4	183,4
t_{D4}		°C	110,3	129,1	143,7	154,6	162,8	168,5	173,2	177,2	180,1
t_{Dm}	$t_{Dm} = \frac{t_{D1}+t_{D2}+t_{D3}+t_{D4}}{4}$	°C	109,05	128,4	143,5	154,3	163,0	169,6	174,8	178,8	181,4
Δt_{Faden}	aus Kurve	°C	0,95	1,6	2,0	2,4	2,6	3,0	3,3	3,4	3,6
t_2	$t_2 = t_{Dm} + \Delta t_{Faden}$	°C	110,0	130,0	145,5	156,7	165,6	172,6	178,1	182,2	185,0
h_s		mm WS	-134	-121	-110	-101	-92	-81	-73	-68	-64
p_B		mm Hg	289,5	269,0	249,2	230,5	206,8	183,5	160,8	141,8	126,8
H		mm Hg	367,0	342,0	316,0	292,5	263,5	233,5	205,8	181,8	162,8
t_B		°C	50,8	55,8	59,6	63,1	65,0	65,1	64,5	63,4	62,6
t_{Raum}		°C	26,0	26,0	26,2	26,5	27,7	28,3	28,4	29,1	29,4

Forschungsberichte des Wirtschafts- und Verkehrsministeriums Nordrhein-Westfalen

Auswertung Versuch n_o = 900 U/min

Bezeich-nung	Formel	Dimension	83	84	85	86	87	88	89	90	91
P_o	$ba_{korr} \cdot 13,6$	kg/m²	10069	10069	10068	10067	10068	10067	10067	10067	10068
P_a	$P_o - h_s$	kg/m²	9935	9948	9958	9966	9976	9986	9994	9999	10004
T_a	$t_a + 273$	°K	293,1	293,1	293,0	293,0	292,9	293,1	292,8	293,1	292,9
γ_a	$\frac{P_a}{R \cdot T_a}$	kg/m³	1,158	1,160	1,161	1,162	1,164	1,164	1,166	1,166	1,167
$\gamma_{a(N)}$	$\frac{10\,000}{29,27 \cdot 293}$	kg/m³	1,166	⟶							
$\gamma_{a(N)}/\gamma_a$		-	1,007	1,005	1,004	1,003	1,002	1,002	1,000	1,000	0,999
n_o/n		-	1,000	⟶							
$h = \Delta P_B$	$H \cdot 13,55$	kg/m²	4973	4634	4282	3963	3570	3164	2789	2463	2206
P_B^*	$p_B \cdot 13,55$	kg/m²	3923	3645	3377	3123	2802	2486	2179	1921	1718
P_B	$P_B^* + P_o$	kg/m²	13992	13714	13445	13190	12870	12553	12246	11988	11786
$\Delta P_B/P_B$		-	0,355	0,338	0,318	0,300	0,277	0,252	0,228	0,205	0,187
ε	$f(k; m; \Delta P_B/P_B)$	-	0,886	0,891	0,897	0,904	0,911	0,919	0,926	0,934	0,940
T_B	$t_B + 273$	°K	323,8	328,8	332,6	336,1	338,0	338,1	337,5	336,4	335,6
γ_B	$\frac{P_B}{R \cdot T_B}$	kg/m³	1,476	1,425	1,381	1,341	1,301	1,268	1,240	1,218	1,200
G	$0,0814 \cdot \varepsilon \cdot \sqrt{\gamma_B} \cdot \sqrt{\Delta P_B}$	kg/min	6,182	5,893	5,615	5,346	5,051	4,738	4,436	4,167	3,938
Q_a	G/γ_a	m³/min	5,339	5,080	4,836	4,616	4,339	4,070	3,804	3,574	3,374
$Q_{a(n_o)}$	$Q_a \cdot (n_o/n)$	m³/min	5,339	5,080	4,836	4,616	4,339	4,070	3,804	3,574	3,374
Q_{theor}	$\sum V_H \cdot n_o$	m³/min	6,539	⟶							
λ_H	$Q_{a(n_o)} \cdot 100/Q_{theor}$	%	81,65	77,69	73,96	70,59	66,36	62,24	58,17	54,66	51,60
P_2	$P_o + p_2 \cdot 10^4$	kg/m²	30069	40069	50068	60067	70068	80067	90067	100067	110068
P_2/P_a		-	3,027	4,028	5,028	6,027	7,024	8,018	9,012	10,007	11,002
$\ln(P_2/P_a)$		-	1,1075	1,3932	1,6150	1,7962	1,9493	2,0817	2,1985	2,3033	2,3981
$\frac{\ln(3\ldots11)}{\ln(P_2/P_a)}$		-	0,992	0,995	0,997	0,998	0,998	0,999	0,999	1,000	1,000
H_{is}	$R \cdot T_a \cdot \ln(P_2/P_a)$	mkg/kg	9501	11952	13850	15404	16712	17859	18842	19760	20559
N_{is}	$H_{is} \cdot G / 75 \cdot 60$	PS	13,05	15,65	17,28	18,36	18,76	18,80	18,57	18,30	17,99
N_k	$G_P \cdot l \cdot n / 716,2$	PS	27,02	31,29	34,53	36,72	38,00	38,65	38,96	39,20	39,73
N_{k-u}	$N_k \cdot \frac{\gamma_{a(N)}}{\gamma_a} \cdot \frac{\ln(3\ldots11)}{\ln(P_2/P_a)}$	PS	26,99	31,26	34,56	36,76	38,00	38,69	38,92	39,20	39,69
N_k/Q_a	$N_k/Q_a \cdot 60$	PSh/m³	0,084	0,103	0,119	0,133	0,146	0,158	0,171	0,183	0,196
η_{is-k}	$N_{is} \cdot 100/N_k$	%	48,30	50,02	50,04	50,00	49,37	48,64	47,66	46,68	45,28

d) Meßprotokoll Versuch n_o = 1000 U/min

Bezeich-nung	Formel	Dimension	137	138	139	140	141	142	143	144	145
Datum			18.12.1954	→							
ba_{korr}		mm Hg	755,7	755,5	755,7	755,8	755,3	755,6	755,6	755,5	755,4
p_2		atü	2,00	3,00	4,00	5,00	6,00	7,00	8,00	9,00	10,00
n		U/min	1000	→							
G_P		kg	21,860	24,885	27,040	28,465	29,428	29,753	29,978	30,398	30,673
t_a		°C	19,8	20,2	20,2	20,1	19,9	20,0	19,85	19,4	19,95
t_{v1}		°C	19,9	20,2	20,0	20,1	20,4	20,85	20,3	20,2	20,4
t_{v2}		°C	19,6	19,8	19,4	19,2	19,5	19,85	19,3	19,3	19,5
t_{vm}	$t_{vm} = \frac{t_{v1} + t_{v2}}{2}$	°C	19,8	20,0	19,7	19,65	19,95	20,35	19,8	19,75	19,95
t_{D1}		°C	113,5	134,2	147,1	157,2	164,5	168,9	171,5	175,5	178,8
t_{D2}		°C	113,8	134,2	150,9	163,2	171,0	176,5	180,5	185,2	189,2
t_{D3}		°C	113,1	133,1	148,3	158,4	166,6	174,4	180,7	186,1	189,9
t_{D4}		°C	115,3	135,0	148,6	158,8	167,1	174,3	179,8	184,4	187,0
t_{Dm}	$t_{Dm} = \frac{t_{D1}+t_{D2}+t_{D3}+t_{D4}}{4}$	°C	113,9	134,1	148,5	159,4	167,6	173,5	178,1	182,8	186,2
Δt_{Faden}	aus Kurve	°C	1,1	1,6	2,2	2,6	2,9	3,2	3,4	3,5	3,7
t_2	$t_2 = t_{Dm} + \Delta t_{Faden}$	°C	115,0	135,7	150,7	162,0	170,5	176,7	181,5	186,3	189,9
h_s		mm WS	-167	-154	-139	-123	-113	-101	-93	-81	-75
p_B		mm Hg	360,8	334,0	309,0	280,3	251,8	220,8	195,2	172,5	161,8
H		mm Hg	455,3	421,5	391,3	355,3	319,5	280,8	248,0	220,3	207,5
t_B		°C	52,2	58,4	63,6	67,1	68,1	68,6	67,9	67,0	66,5
t_{Raum}		°C	26,7	28,5	29,8	30,9	30,3	33,1	32,5	32,8	34,4

Forschungsberichte des Wirtschafts- und Verkehrsministeriums Nordrhein-Westfalen

Auswertung Versuch n_o = 1000 U/min

Bezeichnung	Formel	Dimension	137	138	139	140	141	142	143	144	145
P_o	$ba_{korr} \cdot 13,6$	kg/m²	10278	10275	10278	10279	10271	10276	10276	10275	10273
P_a	$P_o - h_s$	kg/m²	10111	10121	10139	10156	10158	10175	10183	10194	10198
T_a	$t_a + 273$	°K	292,8	293,2	293,2	293,1	292,9	293,0	292,85	292,4	292,95
γ_a	$\frac{P_a}{R \cdot T_a}$	kg/m³	1,180	1,179	1,182	1,184	1,186	1,187	1,189	1,185	1,19
$\gamma_{a(N)}$	$\frac{10\,000}{29,27 \cdot 293}$	kg/m³	1,166	→							
$\gamma_{a(N)}/\gamma_a$		-	0,989	0,99	0,988	0,986	0,984	0,983	0,982	0,979	0,9815
n_o/n		-	1,000	→							
$h = \Delta P_B$	$H \cdot 13,55$	kg/m²	6170	5714	5302	4816	4330	3802	3361	2986	2812
P_B^*	$p_B \cdot 13,55$	kg/m²	4887	4528	4188	3798	3412	2990	2645	2338	2192
P_B	$P_B^* + P_o$	kg/m²	15165	14803	14466	14077	13683	13366	12921	12613	12465
$\Delta P_B/P_B$		-	0,407	0,386	0,3666	0,3422	0,3164	0,2844	0,2601	0,2466	0,2256
ε	$f(k; m; \Delta P_B/P_B)$	-	0,869	0,876	0,882	0,891	0,899	0,909	0,917	0,921	0,928
T_B	$t_B + 273$	°K	325,2	331,4	336,6	340,1	341,1	341,6	340,9	340,0	339,5
γ_B	$\frac{P_B}{R \cdot T_B}$	kg/m³	1,594	1,526	1,469	1,414	1,369	1,338	1,296	1,268	1,255
G	$0,0814 \cdot \varepsilon \cdot \sqrt{\gamma_B} \cdot \sqrt{\Delta P_B}$	kg/min	7,02	6,66	6,34	5,98	5,632	5,274	4,926	4,61	4,49
Q_a	G/γ_a	m³/min	5,95	5,646	5,36	5,048	4,75	4,44	4,14	3,89	3,77
$Q_{a(n_o)}$	$Q_a \cdot (n_o/n)$	m³/min	5,95	5,646	5,36	5,048	4,75	4,44	4,14	3,89	3,77
Q_{theor}	$\sum V_H \cdot n_o$	m³/min	7,260	→							
λ_H	$Q_{a(n_o)} \cdot 100/Q_{theor}$	%	82,0	77,75	73,9	69,5	65,4	61,1	57,0	53,3	52,0
P_2	$P_o + p_2 \cdot 10^4$	kg/m²	30278	40275	50278	60279	70271	80276	90276	100275	110273
P_2/P_a		-	2,991	3,979	4,96	5,935	6,914	7,884	8,868	9,842	10,82
$\ln(P_2/P_a)$		-	1,096	1,38	1,601	1,78	1,935	2,062	2,182	2,286	2,385
$\frac{\ln(3...11)}{\ln(P_2/P_a)}$		-	1,002	1,004	1,0045	1,006	1,0065	1,007	1,006	1,007	1,004
H_{is}	$R \cdot T_a \cdot \ln(P_2/P_a)$	mkg/kg	9410	11840	13740	15280	16600	17680	18710	19600	20450
N_{is}	$H_{is} \cdot G / 75 \cdot 60$	PS	14,68	17,51	19,34	20,34	20,76	20,7	20,48	20,1	20,4
N_k	$G_P \cdot l \cdot n / 716,2$	PS	32,28	36,72	39,93	42,01	43,48	43,92	44,23	44,7	45,29
N_{k-u}	$N_k \cdot \frac{\gamma_{a(N)}}{\gamma_a} \cdot \frac{\ln(3...11)}{\ln(P_2/P_a)}$	PS	32,0	36,5	39,80	41,62	43,06	43,5	43,7	44,09	44,61
N_k/Q_a	$N_k/Q_a \cdot 60$	PSh/m³	0,0903	0,1084	0,1224	0,1388	0,1524	0,165	0,178	0,1914	0,201
η_{is-k}	$N_{is} \cdot 100/N_k$	%	45,45	47,7	49,1	48,35	47,72	47,2	46,36	45,0	45,01

e) Meßprotokoll Versuch n_o = 1100 U/min

Bezeich-nung	Formel	Dimension	92	93	94	95	96	97	152	153	154
Datum			13.12.1954	→					21.12.1954	→	
ba_{korr}		mm Hg	738,3	738,0	738,0	738,1	738,1	738,2	742,5	742,5	741,9
p_2		atü	2,00	3,00	4,00	5,00	6,00	7,00	8,00	9,00	10,00
n		U/min	1100	→							
G_P		kg	21,960	25,223	27,485	28,710	29,443	29,735	30,135	30,210	30,423
t_a		°C	19,8	20,0	19,6	20,1	19,9	20,1	20,0	20,0	20,0
t_{v1}		°C	20,2	20,1	20,3	20,3	20,3	20,4	20,0	20,3	20,3
t_{v2}		°C	19,7	19,3	19,5	19,4	19,3	19,4	19,6	19,7	19,7
t_{vm}	$t_{vm} = \frac{t_{v1} + t_{v2}}{2}$	°C	19,9	19,7	19,9	19,8	19,8	19,9	19,8	20,0	20,0
t_{D1}		°C	119,4	139,3	153,3	161,9	167,9	171,2	174,2	178,9	180,1
t_{D2}		°C	119,4	140,0	157,9	169,8	176,2	180,6	185,2	191,0	194,0
t_{D3}		°C	120,0	139,6	155,2	164,9	172,3	180,0	185,1	190,9	193,2
t_{D4}		°C	122,5	141,0	156,2	166,0	174,1	181,0	183,8	188,2	190,5
t_{Dm}	$t_{Dm} = \frac{t_{D1}+t_{D2}+t_{D3}+t_{D4}}{4}$	°C	120,3	139,9	155,9	165,7	172,6	178,2	182,1	187,2	189,4
Δt_{Faden}	aus Kurve	°C	1,3	1,9	2,4	2,6	3,0	3,4	3,6	3,9	4,0
t_2	$t_2 = t_{Dm} + \Delta t_{Faden}$	°C	121,6	141,8	158,3	168,3	175,6	181,6	185,7	191,1	193,4
h_s		mm WS	-194	-176	-161	-142	-125	-110	-98	-87	-82
p_B		mm Hg	413,8	381,0	349,3	311,0	277,8	244,6	214,0	195,3	176,8
H		mm Hg	518,0	479,5	440,5	394,0	352,3	310,6	273,3	246,8	226,0
t_B		°C	60,3	64,9	68,8	70,9	71,3	70,4	62,1	63,2	63,4
t_{Raum}		°C	25,3	26,4	26,3	27,4	27,6	28,4	29,9	31,8	30,9

Forschungsberichte des Wirtschafts- und Verkehrsministeriums Nordrhein-Westfalen

Auswertung Versuch n_o = 1100 U/min

Bezeich-nung	Formel	Dimension	92	93	94	95	96	97	152	153	154
P_o	$ba_{korr} \cdot 13,6$	kg/m²	10041	10037	10037	10038	10038	10040	10098	10098	10090
P_a	$P_o - h_s$	kg/m²	9847	9861	9876	9896	9913	9930	10000	10011	10008
T_a	$t_a + 273$	°K	292,8	293,0	292,6	293,1	292,9	293,1	293,0	293,0	293,0
γ_a	$\frac{P_a}{R \cdot T_a}$	kg/m³	1,149	1,150	1,153	1,154	1,156	1,157	1,166	1,169	1,168
$\gamma_{a(N)}$	$\frac{10\,000}{29,27 \cdot 293}$	kg/m³	1,166	→							
$\gamma_{a(N)}/\gamma_a$		-	1,015	1,014	1,011	1,010	1,009	1,008	1,000	0,998	0,999
n_o/n		-	1,000	→							
$h = \Delta P_B$	$H \cdot 13,55$	kg/m²	7019	6497	5969	5339	4774	4209	3704	3344	3062
P_B^*	$p_B \cdot 13,55$	kg/m²	5607	5163	4733	4214	3764	3314	2900	2647	2397
P_B	$P_B^* + P_o$	kg/m²	15648	15200	14770	14252	13802	13354	12998	12745	12487
$\Delta P_B/P_B$		-	0,449	0,427	0,407	0,375	0,346	0,315	0,2852	0,2626	0,2454
ε	$f(k;\ m;\ \Delta P_B/P_B)$	-	0,855	0,863	0,870	0,879	0,889	0,899	0,909	0,916	0,921
T_B	$t_B + 273$	°K	333,3	337,9	341,8	343,9	344,3	343,4	335,1	336,2	336,4
γ_B	$\frac{P_B}{R \cdot T_B}$	kg/m³	1,604	1,537	1,476	1,416	1,370	1,329	1,324	1,295	1,268
G	$0,0814 \cdot \varepsilon \cdot \sqrt{\gamma_B} \cdot \sqrt{\Delta P_B}$	kg/min	7,384	7,021	6,651	6,220	5,855	5,472	5,186	4,92	4,671
Q_a	G/γ_a	m³/min	6,426	6,105	5,768	5,390	5,065	4,729	4,448	4,206	4,00
$Q_{a(n_o)}$	$Q_a \cdot (n_o/n)$	m³/min	6,426	6,105	5,768	5,390	5,065	4,729	4,448	4,206	4,00
Q_{theor}	$\sum V_H \cdot n_o$	m³/min	7,993	→							
λ_H	$Q_{a(n_o)} \cdot 100/Q_{theor}$	%	80,40	76,38	72,16	67,43	63,37	59,05	56,16	52,62	50,05
P_2	$P_o + p_2 \cdot 10^4$	kg/m²	30041	40037	50037	60038	70038	80040	90098	100098	110090
P_2/P_a		-	3,050	4,060	5,067	6,067	7,065	8,060	9,0098	9,999	10,99
$\ln(P_2/P_a)$		-	1,1151	1,4012	1,6227	1,8028	1,9551	2,0869	2,20	2,31	2,399
$\frac{\ln(3\ldots11)}{\ln(P_2/P_a)}$		-	0,9852	0,9894	0,9918	0,9939	0,9953	0,9964	0,9982	0,997	0,999
H_{is}	$R \cdot T_a \cdot \ln(P_2/P_a)$	mkg/kg	9557	12017	13897	15466	16761	17904	18860	19800	20560
N_{is}	$H_{is} \cdot G / 75 \cdot 60$	PS	15,68	18,75	20,54	21,38	21,81	21,77	21,74	21,65	21,34
N_k	$G_p \cdot l \cdot n / 716,2$	PS	35,65	40,95	44,62	46,61	47,80	48,27	48,92	49,05	49,41
N_{k-u}	$N_k \cdot \frac{\gamma_{a(N)}}{\gamma_a} \cdot \frac{\ln(3\ldots11)}{\ln(P_2/P_a)}$	PS	35,65	41,07	44,75	46,80	47,99	48,46	48,81	48,1	49,3
N_k/Q_a	$N_k/Q_a \cdot 60$	PSh/m³	0,092	0,112	0,129	0,144	0,157	0,170	0,1834	0,1944	0,2059
η_{is-k}	$N_{is} \cdot 100/N_k$	%	43,98	45,79	46,03	45,87	45,63	45,10	44,42	44,14	43,20

f) Meßprotokoll Versuch n_o = 1200 U/min

Bezeich-nung	Formel	Dimension	101	102	103	146	147	148	149	150	151
Datum			13.12.1954	→	→	20.12.1954	→	→	→	→	→
ba_{korr}		mm Hg	737,9	737,8	737,8	748,8	748,6	748,6	748,5	748,4	748,3
p_2		atü	2,00	3,00	4,00	5,00	6,00	7,00	8,00	9,00	10,00
n		U/min	1200	→	→	→	→	→	→	→	→
G_p		kg	22,185	24,910	27,010	28,735	29,510	29,898	30,110	30,135	30,360
t_a		°C	20,1	20,0	20,0	20,1	20,1	20,1	19,9	20,0	20,0
t_{v1}		°C	19,9	20,5	20,9	20,0	20,0	20,5	20,3	20,2	20,2
t_{v2}		°C	19,7	19,5	19,4	19,6	19,4	20,0	19,7	19,6	19,6
t_{vm}	$t_{vm} = \frac{t_{v1} + t_{v2}}{2}$	°C	19,8	20,0	20,2	19,8	19,7	20,25	20,0	19,9	19,9
t_{D1}		°C	123,1	142,5	155,3	163,9	169,3	172,2	176,0	177,6	178,9
t_{D2}		°C	123,05	144,1	161,1	172,2	178,7	183,1	187,8	191,2	193,3
t_{D3}		°C	123,4	144,0	159,35	166,7	175,4	181,1	186,0	190,7	193,0
t_{D4}		°C	125,7	145,1	159,3	167,7	176,2	181,4	185,5	187,2	189,3
t_{Dm}	$t_{Dm} = \frac{t_{D1}+t_{D2}+t_{D3}+t_{D4}}{4}$	°C	123,8	143,9	158,9	167,6	174,9	179,4	183,8	186,7	188,6
Δt_{Faden}	aus Kurve	°C	1,3	2,0	2,6	2,8	3,2	3,4	3,6	3,7	3,9
t_2	$t_2 = t_{Dm} + \Delta t_{Faden}$	°C	125,1	145,9	161,5	170,4	178,1	182,8	187,4	190,4	192,5
h_s		mm WS	-221	-198	-172	-155	-138	-123	-110	-97	-86
p_B		mm Hg	465,0	430,5	387,8	347,3	306,3	268,3	239,0	211,5	189,8
H		mm Hg	583,5	540,0	487,0	437,5	387,5	340,3	304,0	270,0	241,5
t_B		°C	63,0	67,8	71,2	69,1	70,9	70,5	70,1	68,6	67,4
t_{Raum}		°C	26,1	26,6	28,8	30,8	30,8	31,8	32,9	32,9	33,9

Forschungsberichte des Wirtschafts- und Verkehrsministeriums Nordrhein-Westfalen

Auswertung Versuch n_o = 1200 U/min

Bezeich-nung	Formel	Dimension	101	102	103	146	147	148	149	150	151
P_o	$ba_{korr} \cdot 13,6$	kg/m²	10035	10034	10034	10184	10181	10181	10180	10178	10177
P_a	$P_o - h_s$	kg/m²	9814	9836	9862	10029	10043	10058	10070	10081	10091
T_a	$t_a + 273$	°K	293,1	293,0	293,0	293,1	293,1	293,1	292,9	293,0	293,0
γ_a	$\frac{P_a}{R \cdot T_a}$	kg/m³	1,144	1,147	1,150	1,168	1,170	1,173	1,176	1,1755	1,176
$\gamma_{a(N)}$	$\frac{10\,000}{29,27 \cdot 293}$	kg/m³	1,166	→							
$\gamma_{a(N)}/\gamma_a$		-	1,0192	1,0166	1,0139	0,998	0,997	0,994	0,9915	0,992	0,9915
n_o/n			1,000	→							
$h = \Delta P_B$	$H \cdot 13,55$	kg/m²	7906	7317	6599	5930	5250	4612	4119	3660	3271
P_B^*	$p_B \cdot 13,55$	kg/m²	6301	5833	5255	4708	4151	3636	3240	2867	2561
P_B	$P_B^* + P_o$	kg/m²	16336	15867	15289	14892	14332	13817	13420	13045	12738
$\Delta P_B/P_B$		-	0,484	0,461	0,432	0,3982	0,363	0,338	0,3068	0,2808	0,2507
ε	$f(k; m; \Delta P_B/P_B)$	-	0,844	0,852	0,862	0,872	0,883	0,891	0,902	0,910	0,9195
T_B	$t_B + 273$	°K	336,0	340,8	344,2	342,1	343,9	343,5	343,1	341,6	340,4
γ_B	$\frac{P_B}{R \cdot T_B}$	kg/m³	1,661	1,591	1,518	1,486	1,425	1,375	1,336	1,305	1,279
G	$0,0814 \cdot \varepsilon \cdot \sqrt{\gamma_B} \cdot \sqrt{\Delta P_B}$	kg/min	7,877	7,488	7,024	6,66	6,215	5,78	5,44	5,12	4,88
Q_a	G/γ_a	m³/min	6,885	6,528	6,108	5,70	5,31	4,925	4,622	4,356	4,114
$Q_{a(n_o)}$	$Q_a \cdot (n_o/n)$	m³/min	6,885	6,528	6,108	5,70	5,31	4,925	4,622	4,356	4,114
Q_{theor}	$\sum V_H \cdot n_o$	m³/min	8,719	→							
λ_H	$Q_{a(n_o)} \cdot 100/Q_{theor}$	%	78,97	74,87	70,05	65,4	60,9	56,5	53,0	50,0	47,15
P_2	$P_o + p_2 \cdot 10^4$	kg/m²	30035	40034	50034	60184	70181	80181	90180	100178	110177
P_2/P_a		-	3,060	4,070	5,073	6,00	6,98	7,97	8,95	9,94	10,92
$\ln(P_2/P_a)$		-	1,1184	1,4036	1,6239	1,7918	1,941	2,075	2,192	2,298	2,390
$\frac{\ln(3\ldots11)}{\ln(P_2/P_a)}$		-	0,9823	0,9877	0,9911	1,000	1,002	1,0005	1,0015	1,0025	1,002
H_{is}	$R \cdot T_a \cdot \ln(P_2/P_a)$	mkg/kg	9595	12037	13927	15380	16670	17800	18800	19700	20520
N_{is}	$H_{is} \cdot G / 75 \cdot 60$	PS	16,80	20,03	21,74	22,75	23,02	22,86	22,76	22,40	22,26
N_k	$G_p \cdot 1 \cdot n / 716,2$	PS	39,29	44,12	47,83	50,86	52,24	52,88	53,30	53,36	53,72
N_{k-u}	$N_k \cdot \frac{\gamma_{a(N)}}{\gamma_a} \cdot \frac{\ln(3\ldots11)}{\ln(P_2/P_a)}$	PS	39,36	44,30	48,06	51,0	52,2	52,61	53,00	53,02	53,4
N_k/Q_a	$N_k/Q_a \cdot 60$	PSh/m³	0,095	0,113	0,131	0,1489	0,164	0,179	0,1922	0,204	0,218
η_{is-k}	$N_{is} \cdot 100/N_k$	%	42,76	45,40	45,45	44,7	44,15	43,28	42,70	42,00	41,45

Seite 53

g) Meßprotokoll Versuch $n_o = 1300$ U/min

Bezeich-nung	Formel	Dimension	110	111	112	113	114	115	155	156	157
Datum			14.12.1954	→				→	21.12.1954		→
ba_{korr}		mm Hg	737,6	737,8	738,2	738,5	739,0	739,4	741,3	740,4	740,0
p_2		atü	2,00	3,00	4,00	5,00	6,00	7,00	8,00	9,00	10,00
n		U/min	1300								→
G_P		kg	22,835	25,423	27,310	28,423	28,923	29,260	29,360	29,748	30,010
t_a		°C	20,0	20,1	20,1	20,0	20,1	20,0	20,0	19,9	20,1
t_{v1}		°C	20,2	20,2	20,4	20,2	20,6	20,7	20,2	20,3	20,5
t_{v2}		°C	19,8	19,4	19,8	19,0	19,5	19,2	19,8	19,6	19,9
t_{vm}	$t_{vm} = \frac{t_{v1} + t_{v2}}{2}$	°C	20,0	19,8	20,1	19,6	20,1	20,0	20,0	19,95	20,4
t_{D1}		°C	127,2	145,9	158,6	168,05	173,4	178,5	181,9	185,7	189,3
t_{D2}		°C	127,4	148,8	165,05	174,4	181,4	188,0	194,0	199,5	204,0
t_{D3}		°C	128,05	149,1	163,1	170,9	177,6	184,5	192,1	198,6	203,8
t_{D4}		°C	130,1	149,1	164,1	174,05	181,1	187,8	191,0	195,0	198,8
t_{Dm}	$t_{Dm} = \frac{t_{D1}+t_{D2}+t_{D3}+t_{D4}}{4}$	°C	128,2	148,2	162,7	171,8	178,4	184,7	189,7	194,7	199,0
Δt_{Faden}	aus Kurve	°C	1,5	2,2	2,7	3,1	3,4	3,7	4,0	4,2	4,4
t_2	$t_2 = t_{Dm} + \Delta t_{Faden}$	°C	129,7	150,4	165,4	174,9	181,8	188,4	193,7	198,9	203,4
h_s		mm WS	-244	-218	-196	-176	-162	-147	-126	-115	-104
p_B		mm Hg	515,0	469,5	428,3	384,5	337,3	297,3	259,8	236,0	219,0
H		mm Hg	644,8	589,0	538,8	483,0	424,8	376,8	330,0	300,3	278,7
t_B		°C	61,4	67,7	71,5	73,9	73,8	73,6	67,0	67,3	67,7
t_{Raum}		°C	26,2	27,7	28,5	30,3	31,4	32,7	30,4	32,0	33,4

Forschungsberichte des Wirtschafts- und Verkehrsministeriums Nordrhein-Westfalen

Auswertung Versuch $n_o = 1300$ U/min

Bezeichnung	Formel	Dimension	110	111	112	113	114	115	155	156	157
P_o	$ba_{korr} \cdot 13,6$	kg/m²	10031	10034	10040	10044	10050	10056	10082	10069	10064
P_a	$P_o - h_s$	kg/m²	9787	9816	9844	9868	9888	9909	9956	9954	9960
T_a	$t_a + 273$	°K	293,0	293,1	293,1	293,0	293,1	293,0	293,0	292,9	293,1
γ_a	$\dfrac{P_a}{R \cdot T_a}$	kg/m³	1,141	1,144	1,147	1,151	1,153	1,155	1,160	1,161	1,160
$\gamma_{a(N)}$	$\dfrac{10\,000}{29,27 \cdot 293}$	kg/m³	1,166	→							
$\gamma_{a(N)}/\gamma_a$		-	1,0219	1,0192	1,0166	1,0130	1,0113	1,0095	1,005	1,004	1,005
n_o/n		-	1,000	→							
$h = \Delta P_B$	$H \cdot 13,55$	kg/m²	8737	7981	7301	6545	5756	5106	4470	4070	3775
P_B^*	$p_B \cdot 13,55$	kg/m²	6978	6362	5803	5210	4570	4028	3520	3198	2968
P_B	$P_B^* + P_o$	kg/m²	17009	16396	15843	15254	14620	14084	13476	13152	12928
$\Delta P_B/P_B$		-	0,514	0,487	0,461	0,429	0,394	0,363	0,333	0,3091	0,294
ε	$f(k; m; \Delta P_B/P_B)$	-	0,835	0,844	0,852	0,862	0,873	0,883	0,893	0,901	0,906
T_B	$t_B + 273$	°K	334,4	340,7	344,5	346,9	346,8	346,6	340,0	340,3	340,7
γ_B	$\dfrac{P_B}{R \cdot T_B}$	kg/m³	1,738	1,644	1,571	1,502	1,440	1,388	1,355	1,321	1,297
G	$0,0814 \cdot \varepsilon \cdot \sqrt{\gamma_B} \cdot \sqrt{\Delta P_B}$	kg/min	8,440	7,876	7,431	6,955	6,468	6,050	5,656	5,375	5,16
Q_a	G/γ_a	m³/min	7,397	6,885	6,479	6,043	5,610	5,238	4,872	4,63	4,45
$Q_{a(n_o)}$	$Q_a \cdot (n_o/n)$	m³/min	7,397	6,885	6,479	6,043	5,610	5,238	4,872	4,63	4,45
Q_{theor}	$\sum V_H \cdot n_o$	m³/min	9,446	→							
λ_H	$Q_{a(n_o)} \cdot 100/Q_{theor}$	%	78,31	72,89	68,59	63,97	59,39	55,45	51,58	49,0	47,1
P_2	$P_o + p_2 \cdot 10^4$	kg/m²	30031	40034	50040	60044	70050	80056	90082	10069	110064
P_2/P_a		-	3,068	4,078	5,083	6,085	7,084	8,079	9,05	10,06	11,05
$\ln(P_2/P_a)$		-	1,1210	1,4056	1,6259	1,8058	1,9578	2,0895	2,202	2,306	2,402
$\dfrac{\ln(3\ldots11)}{\ln(P_2/P_a)}$		-	0,9800	0,9863	0,9899	0,9922	0,9939	0,9952	0,9972	0,999	0,997
H_{is}	$R \cdot T_a \cdot \ln(P_2/P_a)$	mkg/kg	9614	12059	13949	15487	16796	17920	18890	19750	20600
N_{is}	$H_{is} \cdot G / 75 \cdot 60$	PS	18,03	21,11	23,03	23,94	24,41	24,09	23,71	23,58	23,61
N_k	$G_p \cdot l \cdot n / 716,2$	PS	43,81	48,78	52,40	54,53	55,49	56,14	56,32	57,12	57,62
N_{k-u}	$N_k \cdot \dfrac{\gamma_{a(N)}}{\gamma_a} \cdot \dfrac{\ln(3\ldots11)}{\ln(P_2/P_a)}$	PS	43,87	49,04	52,73	54,81	55,77	56,40	56,42	57,3	57,76
N_k/Q_a	$N_k/Q_a \cdot 60$	PSh/m³	0,099	0,118	0,135	0,150	0,165	0,179	0,1925	0,2055	0,2159
η_{is-k}	$N_{is} \cdot 100/N_k$	%	41,15	43,28	43,95	43,90	43,50	42,91	42,10	41,29	40,98

h) Meßprotokoll Versuch $n_o = 1400$ U/min

Bezeich-nung	Formel	Dimension	119	120	121	122	123	124	158	159	160
Datum			14.12.1954	→					22.12.1954	→	
ba_{korr}		mm Hg	742,0	742,1	742,3	742,5	742,8	742,9	733,7	734,0	734,0
p_2		atü	2,00	3,00	4,00	5,00	6,00	7,00	8,00	9,00	10,00
n		U/min	1400	→							
G_P		kg	23,310	26,010	27,948	29,085	29,598	29,810	29,643	30,110	30,460
t_a		°C	20,1	20,1	20,1	20,1	19,8	19,9	20,0	19,9	20,0
t_{v1}		°C	20,4	20,3	20,4	20,5	20,4	20,45	20,3	20,2	20,4
t_{v2}		°C	19,6	19,5	19,5	19,6	19,2	19,4	19,5	19,3	19,7
t_{vm}	$t_{vm} = \frac{t_{v1}+t_{v2}}{2}$	°C	20,0	19,9	20,15	20,05	19,8	19,9	19,9	19,75	19,15
t_{D1}		°C	130,4	147,7	160,0	168,8	174,0	177,4	179,7	183,8	187,6
t_{D2}		°C	131,2	152,3	168,5	179,0	184,7	189,0	193,0	198,9	203,6
t_{D3}		°C	132,0	152,0	167,6	176,0	180,6	185,4	192,9	200,8	205,6
t_{D4}		°C	133,7	151,4	166,2	176,0	181,5	186,6	189,6	194,8	199,4
t_{Dm}	$t_{Dm} = \frac{t_{D1}+t_{D2}+t_{D3}+t_{D4}}{4}$	°C	131,8	150,8	165,6	174,9	180,2	184,6	188,8	194,6	199,05
Δt_{Faden}	aus Kurve	°C	1,5	2,2	2,7	3,1	3,4	3,6	3,9	4,1	4,4
t_2	$t_2 = t_{Dm} + \Delta t_{Faden}$	°C	133,3	153,0	168,3	178,0	183,6	188,2	192,7	198,7	203,45
h_s		mm WS	-276	-247	-222	-195	-175	-153	-130	-122	-115
p_B		mm Hg	576,8	526,5	478,5	423,5	374,3	326,0	271,3	253,5	226,3
H		mm Hg	720,3	659,0	599,0	531,8	469,5	412,0	344,3	322,0	300,0
t_B		°C	70,8	76,1	78,8	80,5	80,1	79,1	64,9	67,6	69,1
t_{Raum}		°C	28,6	30,0	30,8	31,8	32,9	33,7	33,1	34,0	34,7

Forschungsberichte des Wirtschafts- und Verkehrsministeriums Nordrhein-Westfalen

Auswertung Versuch n_o = 1400 U/min

Bezeich-nung	Formel	Dimension	119	120	121	122	123	124	158	159	160
P_o	$ba_{korr} \cdot 13,6$	kg/m²	10091	10093	10095	10098	10102	10103	9978	9982	9982
P_a	$P_o - h_s$	kg/m²	9815	9846	9873	9903	9927	9950	9848	9860	9867
T_a	$t_a + 273$	°K	293,1	293,1	293,1	293,1	292,8	292,9	293,0	292,9	293,0
γ_a	$\frac{P_a}{R \cdot T_a}$	kg/m³	1,144	1,148	1,151	1,154	1,158	1,161	1,148	1,150	1,150
$\gamma_{a(N)}$	$\frac{10\,000}{29,27 \cdot 293}$	kg/m³	1,166	⟶							
$\gamma_{a(N)}/\gamma_a$		-	1,0192	1,0157	1,0130	1,0104	1,0069	1,0043	1,015	1,014	1,014
n_o/n		-	1,000	⟶							
$h = \Delta P_B$	$H \cdot 13,55$	kg/m²	9760	8929	8116	7206	6362	5583	4666	4362	4065
P_B^*	$P_B \cdot 13,55$	kg/m²	7816	7134	6484	5738	5072	4417	3677	3436	3068
P_B	$P_B^* + P_o$	kg/m²	17907	17227	16579	15836	15174	14520	13655	13418	13050
$\Delta P_B/P_B$		-	0,545	0,518	0,490	0,455	0,419	0,385	0,3416	0,325	0,3112
ε	$f(k;\ m;\ \Delta P_B/P_B)$	-	0,825	0,834	0,843	0,854	0,865	0,876	0,891	0,896	0,904
T_B	$t_B + 273$	°K	343,8	349,1	351,8	353,5	353,1	352,1	337,9	340,6	342,1
γ_B	$\frac{P_B}{R \cdot T_B}$	kg/m³	1,779	1,686	1,610	1,531	1,468	1,409	1,382	1,346	1,303
G	$0,0814 \cdot \varepsilon \cdot \sqrt{\gamma_B} \cdot \sqrt{\Delta P_B}$	kg/min	8,857	8,290	7,845	7,305	6,804	6,322	5,814	5,586	5,345
Q_a	G/γ_a	m³/min	7,742	7,222	6,816	6,330	5,876	5,445	5,070	4,860	4,650
$Q_{a(n_o)}$	$Q_a \cdot (n_o/n)$	m³/min	7,742	7,222	6,816	6,330	5,876	5,445	5,070	4,860	4,650
Q_{theor}	$\sum V_H \cdot n_o$	m³/min	10,172	⟶							
λ_H	$Q_{a(n_o)} \cdot 100/Q_{theor}$	%	76,11	71,00	67,00	62,23	57,77	53,53	49,84	47,76	44,91
P_2	$P_o + p_2 \cdot 10^4$	kg/m²	30091	40093	50095	60098	70102	80103	89978	99982	109982
P_2/P_a		-	3,066	4,072	5,074	6,069	7,062	8,051	9,115	10,13	11,13
$\ln(P_2/P_a)$		-	1,1200	1,4040	1,6230	1,8010	1,0540	2,086	2,212	2,310	2,408
$\frac{\ln(3...11)}{\ln(P_2/P_a)}$		-	0,9809	0,9874	0,9916	0,9949	0,9959	0,9968	0,9930	0,9970	0,9960
H_{is}	$R \cdot T_a \cdot \ln(P_2/P_a)$	mkg/kg	9609	12045	13924	15451	16746	17883	18960	19800	20640
N_{is}	$H_{is} \cdot G / 75 \cdot 60$	PS	18,91	22,19	24,27	25,08	25,31	25,12	24,50	24,58	24,49
N_k	$G_P \cdot l \cdot n / 716,2$	PS	48,16	53,74	57,75	60,09	61,15	61,59	61,22	62,22	62,72
N_{k-u}	$N_k \cdot \frac{\gamma_{a(N)}}{\gamma_a} \cdot \frac{\ln(3...11)}{\ln(P_2/P_a)}$	PS	48,15	53,90	58,01	60,40	61,32	61,68	61,72	62,84	63,36
N_k/Q_a	$N_k/Q_a \cdot 60$	PSh/m³	0,1036	0,124	0,1413	0,1582	0,1735	0,1885	0,2014	0,2135	0,2248
η_{is-k}	$N_{is} \cdot 100/N_k$	%	39,27	41,28	41,70	41,80	41,40	40,80	40,00	39,46	39,05

Seite 57

i) Meßprotokoll Versuch $n_o = 1500$ U/min

Bezeichnung	Formel	Dimension	134	135	136	128	129	130	131	132	133
Datum			17.12.1954								→
ba_{korr}		mm Hg	753,4	754,2	754,3	754,7	754,7	754,8	754,8	754,8	754,9
p_2		atü	2,00	3,00	4,00	5,00	6,00	7,00	8,00	9,00	10,00
n		U/min	1500								→
G_p		kg	24,360	26,410	28,060	29,385	29,660	29,660	29,760	30,085	30,360
t_a		°C	20,0	20,1	20,2	20,0	19,8	20,2	20,0	20,0	19,9
t_{v1}		°C	20,2	19,7	20,3	20,2	20,4	20,1	20,4	20,3	20,0
t_{v2}		°C	19,5	19,7	19,3	19,5	19,4	19,5	19,4	19,5	19,4
t_{vm}	$t_{vm} = \frac{t_{v1} + t_{v2}}{2}$	°C	19,9	19,7	19,8	19,9	19,9	19,8	19,9	19,9	19,7
t_{D1}		°C	132,6	148,4	161,4	170,0	175,4	178,1	181,1	183,9	187,3
t_{D2}		°C	134,2	153,9	169,7	179,0	185,0	189,2	192,6	195,2	198,8
t_{D3}		°C	134,7	154,1	168,9	177,1	181,0	186,3	190,4	194,6	197,6
t_{D4}		°C	135,6	153,1	167,5	177,1	183,3	188,2	191,7	194,8	197,6
t_{Dm}	$t_{Dm} = \frac{t_{D1}+t_{D2}+t_{D3}+t_{D4}}{4}$	°C	134,3	152,4	166,9	175,8	181,2	185,5	189,0	192,1	195,3
Δt_{Faden}	aus Kurve	°C	1,6	2,2	2,9	3,2	3,5	3,6	3,8	4,0	4,2
t_2	$t_2 = t_{Dm} + \Delta t_{Faden}$	°C	135,9	154,6	169,8	179,0	184,7	189,1	192,8	196,1	199,5
h_s		mm WS	-312	-286	-259	-232	-200	-174	-149	-132	-124
p_B		mm Hg	615,0	568,5	520,3	456,0	397,5	339,0	297,3	272,0	249,3
H		mm Hg	766,8	713,8	653,8	574,0	503,3	428,8	378,0	346,0	317,0
t_B		°C	62,1	69,9	76,3	69,2	73,4	73,6	73,4	73,1	72,8
t_{Raum}		°C	28,8	30,4	31,3	30,3	30,6	32,1	32,1	32,3	33,8

Forschungsberichte des Wirtschafts- und Verkehrsministeriums Nordrhein-Westfalen

Auswertung Versuch n_o = 1500 U/min

Bezeichnung	Formel	Dimension	134	135	136	128	129	130	131	132	133
P_o	$ba_{korr} \cdot 13,6$	kg/m²	10246	10257	10259	10264	10264	10265	10265	10265	10267
P_a	$P_o - h_s$	kg/m²	9934	9971	10000	10032	10064	10091	10116	10133	10143
T_a	$t_a + 273$	°K	292,9	292,7	292,8	293,0	292,8	293,2	293,0	293,0	292,9
γ_a	$\frac{P_a}{R \cdot T_a}$	kg/m³	1,159	1,165	1,168	1,170	1,174	1,176	1,180	1,182	1,183
$\gamma_{a(N)}$	$\frac{10\,000}{29,27 \cdot 293}$	kg/m³	1,166	→	→	→	→	→	→	→	→
$\gamma_{a(N)}/\gamma_a$		-	1,026	1,001	0,998	0,9966	0,9932	0,9915	0,9881	0,9865	0,9856
n_o/n		-	1,000	→	→	→	→	→	→	→	→
$h = \Delta P_B$	$H \cdot 13,55$	kg/m²	10380	9652	8859	7778	6820	5810	5122	4688	4295
$P_B{}^*$	$P_B \cdot 13,55$	kg/m²	8330	7703	7050	6179	5386	4593	4028	3686	3378
P_B	$P_B{}^* + P_o$	kg/m²	18576	17960	17309	16443	15650	14858	14293	13951	13645
$\Delta P_B/P_B$		-	0,558	0,536	0,512	0,473	0,436	0,391	0,358	0,336	0,315
ε	$f(k; m; \Delta P_B/P_B)$	-	0,821	0,828	0,836	0,848	0,860	0,875	0,885	0,892	0,899
T_B	$t_B + 273$	°K	335,1	342,9	349,3	342,3	346,4	346,6	346,4	346,1	345,8
γ_B	$\frac{P_B}{R \cdot T_B}$	kg/m³	1,911	1,789	1,691	1,641	1,544	1,465	1,410	1,377	1,348
G	$0,0814 \cdot \varepsilon \cdot \sqrt{\gamma_B} \cdot \sqrt{\Delta P_B}$	kg/min	9,39	8,85	8,33	7,805	7,187	6,574	6,121	5,830	5,567
Q_a	G/γ_a	m³/min	8,11	7,60	7,135	6,671	6,122	5,590	5,187	4,932	4,705
$Q_{a(n_o)}$	$Q_a \cdot (n_o/n)$	m³/min	8,11	7,60	7,135	6,671	6,122	5,590	5,187	4,932	4,705
Q_{theor}	$\sum V_H \cdot n_o$	m³/min	10,899	→	→	→	→	→	→	→	→
λ_H	$Q_{a(n_o)} \cdot 100/Q_{theor}$	%	74,5	69,8	65,6	61,21	56,17	51,29	47,59	45,25	43,17
P_2	$P_o + p_2 \cdot 10^4$	kg/m²	29934	39971	50000	60264	70264	80265	90265	100265	110267
P_2/P_a		-	3,16	4,01	5,00	6,007	6,982	7,954	8,923	9,894	10,871
$\ln(P_2/P_a)$		-	1,1505	1,3888	1,6094	1,7929	1,9433	2,0736	2,1886	2,2939	2,3860
$\frac{\ln(3\ldots11)}{\ln(P_2/P_a)}$		-	0,954	0,9975	1,000	0,9994	1,0013	1,0027	1,0039	1,0037	1,0049
H_{is}	$R \cdot T_a \cdot \ln(P_2/P_a)$	mkg/kg	9870	11910	13790	15376	16655	17796	18770	19673	20456
N_{is}	$H_{is} \cdot G / 75 \cdot 60$	PS	20,60	23,42	25,50	26,67	26,60	26,00	25,53	25,49	25,31
N_k	$G_P \cdot 1 \cdot n / 716,2$	PS	53,8	58,50	62,15	65,05	65,66	65,66	65,88	66,60	67,21
N_{k-u}	$N_k \cdot \frac{\gamma_{a(N)}}{\gamma_a} \cdot \frac{\ln(3\ldots11)}{\ln(P_2/P_a)}$	PS	52,65	58,40	62,08	64,48	65,30	65,28	65,35	65,95	66,56
N_k/Q_a	$N_k/Q_a \cdot 60$	PSh/m³	0,1106	0,1282	0,1452	0,163	0,179	0,196	0,212	0,225	0,238
η_{is-k}	$N_{is} \cdot 100/N_k$	%	38,22	40,10	41,10	41,00	40,51	39,60	38,75	38,27	37,66

FORSCHUNGSBERICHTE DES WIRTSCHAFTS- UND VERKEHRSMINISTERIUMS NORDRHEIN-WESTFALEN

Herausgegeben von Staatssekretär Prof. Leo Brandt

HEFT 1
Prof. Dr.-Ing. E. Flegler, Aachen
Untersuchungen oxydischer Ferromagnet-Werkstoffe
1952, 20 Seiten, DM 6,75

HEFT 2
Prof. Dr. W. Fuchs, Aachen
Untersuchungen über absatzfreie Teeröle
1952, 32 Seiten, 5 Abb., 6 Tabellen, DM 10,—

HEFT 3
Techn.-Wissenschaftl. Büro für die Bastfaserindustrie, Bielefeld
Untersuchungsarbeiten zur Verbesserung des Leinenwebstuhls
1952, 44 Seiten, 7 Abb., 3 Tabellen, DM 12,50

HEFT 4
Prof. Dr. E. A. Müller und Dipl.-Ing. H. Spitzer, Dortmund
Untersuchungen über die Hitzebelastung in Hüttenbetrieben
1952, 28 Seiten, 5 Abb., 1 Tabelle, DM 9,—

HEFT 5
Dipl.-Ing. W. Fister, Aachen
Prüfstand der Turbinenuntersuchungen
1952, 40 Seiten, 30 Abb., 3 Schaltbilder, DM 1,—

HEFT 6
Prof. Dr. W. Fuchs, Aachen
Untersuchungen über die Zusammensetzung und Verwendbarkeit von Schwelteerfraktionen
1952, 36 Seiten, DM 10.50

HEFT 7
Prof. Dr. W. Fuchs, Aachen
Untersuchungen über emsländisches Petrolatum
1952, 36 Seiten, 1 Abb., 17 Tabellen, DM 10,50

HEFT 8
M. E. Meffert und H. Stratmann, Essen
Algen-Großkulturen im Sommer 1951
1953, 52 Seiten, 4 Abb., 20 Tabellen, DM 9,75

HEFT 9
Techn.-Wissenschaftl. Büro für die Bastfaserindustrie, Bielefeld
Untersuchungen über die zweckmäßige Wicklungsart von Leinengarnkreuzspulen unter Berücksichtigung der Anwendung hoher Geschwindigkeiten des Garnes
Vorversuche für Zetteln und Schären von Leinengarnen auf Hochleistungsmaschinen
1952, 48 Seiten, 7 Abb., 7 Tabellen, DM 9,25

HEFT 10
Prof. Dr. W. Vogel, Köln
„Das Streifenpaar" als neues System zur mechanischen Vergrößerung kleiner Verschiebungen und seine technischen Anwendungsmöglichkeiten
1953, 20 Seiten, 6 Abb., DM 4,50

HEFT 11
Laboratorium für Werkzeugmaschinen und Betriebslehre, Technische Hochschule Aachen
1. Untersuchungen über Metallbearbeitung im Fräsvorgang mit Hartmetallwerkzeugen und negativem Spanwinkel
2. Weiterentwicklung des Schleifverfahrens für die Herstellung von Präzisionswerkstücken unter Vermeidung hoher Temperaturen
3. Untersuchung von Oberflächenveredlungsverfahren zur Steigerung der Belastbarkeit hochbeanspruchter Bauteile
1953, 80 Seiten, 61 Abb., DM 15,75

HEFT 12
Elektrowärme-Institut, Langenberg (Rhld.)
Induktive Erwärmung mit Netzfrequenz
1952, 22 Seiten 6 Abb., DM 5,20

HEFT 13
Techn.-Wissenschaftl. Büro für die Bastfaserindustrie, Bielefeld
Das Naßspinnen von Bastfasergarnen mit chemischen Zusätzen zum Spinnbad
1953, 52 Seiten, 4 Abb., 19 Tabellen, DM 10,—

HEFT 14
Forschungsstelle für Acetylen, Dortmund
Untersuchungen über Aceton als Lösungsmittel für Acetylen
1952, 64 Seiten, 10 Abb., 26 Tabellen, DM 12,25

HEFT 15
Wäschereiforschung Krefeld
Trocknen von Wäschestoffen
1953, 48 Seiten, 14 Abb., 2 Tabellen, DM 9,—

HEFT 16
Max-Planck-Institut für Kohlenforschung, Mülheim a. d. Ruhr
Arbeiten des MPI für Kohlenforschung
1953, 104 Seiten, 9 Abb., DM 17,80

HEFT 17
Ingenieurbüro Herbert Stein, M.-Gladbach
Untersuchung der Verzugsvorgänge in den Streckwerken verschiedener Spinnereimaschinen. 1. Bericht: Vergleichende Prüfung mit verschiedenen Dickenmeßgeräten
1952, 36 Seiten, 15 Abb., DM 8,—

HEFT 18
Wäschereiforschung Krefeld
Grundlagen zur Erfassung der chemischen Schädigung beim Waschen
1953, 68 Seiten, 15 Abb., 15 Tabellen, DM 12,75

HEFT 19
Techn.-Wissenschaftl. Büro für die Bastfaserindustrie, Bielefeld
Die Auswirkung des Schlichtens von Leinengarnketten auf den Verarbeitungswirkungsgrad, sowie die Festigkeit und Dehnungsverhältnisse der Garne und Gewebe
1953, 48 Seiten, 1 Abb., 9 Tabellen, DM 9,—

HEFT 20
Techn.-Wissenschaftl. Büro für die Bastfaserindustrie, Bielefeld
Trocknung von Leinengarnen I
Vorgang und Einwirkung auf die Garnqualität
1953, 62 Seiten, 18 Abb., 5 Tabellen, DM 12,—

HEFT 21
Techn.-Wissenschaftl. Büro für die Bastfaserindustrie, Bielefeld
Trocknung von Leinengarnen II
Spulenanordnung und Luftführung beim Trocknen von Kreuzspulen
1953, 66 Seiten, 22 Abb., 9 Tabellen, DM 13,—

HEFT 22
Techn.-Wissenschaftl. Büro für die Bastfaserindustrie, Bielefeld
Die Reparaturanfälligkeit von Webstühlen
1953, 28 Seiten, 7 Abb., 5 Tabellen, DM 5,80

HEFT 23
Institut für Starkstromtechnik, Aachen
Rechnerische und experimentelle Untersuchungen zur Kenntnis der Metadyne als Umformer von konstanter Spannung auf konstanten Strom
1953, 52 Seiten, 20 Abb., 4 Tafeln, DM 9,75

HEFT 24
Institut für Starkstromtechnik, Aachen
Vergleich verschiedener Generator-Metadyne-Schaltungen in bezug auf statisches Verhalten
1952, 44 Seiten, 23 Abb., DM 8,50

HEFT 25
Gesellschaft für Kohlentechnik mbH., Dortmund-Eving
Struktur der Steinkohlen und Steinkohlen-Kokse
1953, 58 Seiten, DM 11,—

HEFT 26
Techn.-Wissenschaftl. Büro für die Bastfaserindustrie, Bielefeld
Vergleichende Untersuchungen zweier neuzeitlicher Ungleichmäßigkeitsprüfer für Bänder und Garne hinsichtlich ihrer Eignung für die Bastfaserspinnerei
1953, 64 Seiten, 30 Abb., 12 Tabellen, DM 12,50

HEFT 27
Prof. Dr. E. Schratz, Münster
Untersuchungen zur Rentabilität des Arzneipflanzenanbaues Römische Kamille, Anthemis nobilis L.
1953, 16 Seiten, 1 Tabelle, DM 3,60

HEFT 28
Prof. Dr. E. Schratz, Münster
Calendula officinalis L. Studien zur Ernährung, Blütenfüllung und Rentabilität der Drogengewinnung
1953, 24 Seiten, 2 Abb., 3 Tabellen, DM 5,20

HEFT 29
Techn.-Wissenschaftl. Büro für die Bastfaserindustrie, Bielefeld
Die Ausnützung der Leinengarne in Geweben
1953, 100 Seiten, 14 Abb., 10 Tabellen, DM 17,80

HEFT 30
Gesellschaft für Kohlentechnik mbH., Dortmund-Eving
Kombinierte Entaschung und Verschwelung von Steinkohle; Aufarbeitung von Steinkohlenschlämmen zu verkokbarer oder verschwelbarer Kohle
1953, 56 Seiten, 16 Abb., 10 Tabellen, DM 10,50

HEFT 31
Dipl.-Ing. A. Stormanns, Essen
Messung des Leistungsbedarfs von Doppelsteg-Kettenförderern
1954, 54 Seiten, 18 Abb., 3 Anlagen, DM 11,—

HEFT 32
Techn.-Wissenschaftl. Büro für die Bastfaserindustrie, Bielefeld
Der Einfluß der Natriumchloridbleiche auf Qualität und Verwebbarkeit von Leinengarnen und die Eigenschaften der Leinengewebe unter besonderer Berücksichtigung des Einsatzes von Schützen- und Spulenwechselautomaten in der Leinenweberei
1953, 64 Seiten, 2 Abb., 12 Tabellen, DM 11,50

HEFT 33
Kohlenstoffbiologische Forschungsstation e. V.
Eine Methode zur Bestimmung von Schwefeldioxyd und Schwefelwasserstoff in Rauchgasen und in der Atmosphäre
1953, 32 Seiten, 8 Abb., 3 Tabellen, DM 6.50

HEFT 34
Textilforschungsanstalt Krefeld
Quellungs- und Entquellungsvorgänge bei Faserstoffen
1953, 52 Seiten, 13 Abb., 13 Tabellen, DM 9,80

WESTDEUTSCHER VERLAG · KÖLN UND OPLADEN

HEFT 35
Professor Dr. W. Kast, Krefeld
Feinstrukturuntersuchungen an künstlichen Zellulosefasern verschiedener Herstellungsverfahren.
Teil I: Der Orientierungszustand
1953, 74 Seiten, 30 Abb., 7 Tabellen, DM 13,80

HEFT 36
Forschungsinstitut der feuerfesten Industrie, Bonn
Untersuchungen über die Trocknung von Rohton
Untersuchungen über die chemische Reinigung von Silika- und Schamotte-Rohstoffen mit chlorhaltigen Gasen
1953, 60 Seiten, 5 Abb., 5 Tabellen, DM 11,—

HEFT 37
Forschungsinstitut der feuerfesten Industrie, Bonn
Untersuchungen über den Einfluß der Probenvorbereitung auf die Kaltdruckfestigkeit feuerfester Steine
1953, 40 Seiten, 2 Abb., 5 Tabellen, DM 7,80

HEFT 38
Forschungsstelle für Acetylen, Dortmund
Untersuchungen über die Trocknung von Acetylen zur Herstellung von Dissousgas
1953, 36 Seiten, 11 Abb., 3 Tabellen, DM 6,80

HEFT 39
Forschungsgesellschaft Blechverarbeitung e. V., Düsseldorf
Untersuchungen an prägegemusterten und vorgelochten Blechen
1953, 46 Seiten, 34 Abb., DM 9,50

HEFT 40
Landesgeologe Dr.-Ing. W. Wolff, Amt für Bodenforschung, Krefeld
Untersuchungen über die Anwendbarkeit geophysikalischer Verfahren zur Untersuchung von Spateisengängen im Siegerland
1953, 46 Seiten, 8 Abb., DM 8,80

HEFT 41
Techn.-Wissenschaftl. Büro für die Bastfaserindustrie, Bielefeld
Untersuchungsarbeiten zur Verbesserung des Leinenwebstuhles II
1953, 40 Seiten, 4 Abb., 5 Tabellen, DM 7,80

HEFT 42
Professor Dr. B. Helferich, Bonn
Untersuchungen über Wirkstoffe — Fermente — in der Kartoffel und die Möglichkeit ihrer Verwendung
1953, 58 Seiten, 9 Abb., DM 11,—

HEFT 43
Forschungsgesellschaft Blechverarbeitung e. V., Düsseldorf
Forschungsergebnisse über das Beizen von Blechen
1953, 48 Seiten, 38 Abb., 2 Tabellen, DM 11,30

HEFT 44
Arbeitsgemeinschaft für praktische Dehnungsmessung, Düsseldorf
Eigenschaften und Anwendungen von Dehnungsmeßstreifen
1953, 68 Seiten, 43 Abb., 2 Tabellen, DM 13,70

HEFT 45
Losenhausenwerk Düsseldorfer Maschinenbau AG., Düsseldorf
Untersuchungen von störenden Einflüssen auf die Lastgrenzenanzeige von Dauerschwingprüfmaschinen
1953, 36 Seiten, 11 Abb., 3 Tabellen, DM 7,25

HEFT 46
Prof. Dr. W. Fuchs, Aachen
Untersuchungen über die Aufbereitung von Wasser für die Dampferzeugung in Benson-Kesseln
1953, 58 Seiten, 18 Abb., 9 Tabellen, DM 11,20

HEFT 47
Prof. Dr.-Ing. K. Krekeler, Aachen
Versuche über die Anwendung der induktiven Erwärmung zum Sintern von hochschmelzenden Metallen sowie zur Anlegierung und Vergütung von aufgespritzten Metallschichten mit dem Grundwerkstoff
1954, 66 Seiten, 39 Abb., DM 13,90

HEFT 48
Max-Planck-Institut für Eisenforschung, Düsseldorf
Spektrochemische Analyse der Gefügebestandteile in Stählen nach ihrer Isolierung
1953, 38 Seiten, 8 Abb., 5 Tabellen, DM 7,80

HEFT 49
Max-Planck-Institut für Eisenforschung, Düsseldorf
Untersuchungen über Ablauf der Desoxydation und die Bildung von Einschlüssen in Stählen
1953, 52 Seiten, 19 Abb., 3 Tabellen, DM 12,40

HEFT 50
Max-Planck-Institut für Eisenforschung, Düsseldorf
Flammenspektralanalytische Untersuchung der Ferritzusammensetzung in Stählen
1953, 44 Seiten, 15 Abb., 4 Tabellen, DM 8,60

HEFT 51
Verein zur Förderung von Forschungs- und Entwicklungsarbeiten in der Werkzeugindustrie e. V., Remscheid
Untersuchungen an Kreissägeblättern für Holz, Fehler- und Spannungsprüfverfahren
1953, 50 Seiten, 23 Abb., DM 10,—

HEFT 52
Forschungsstelle für Acetylen, Dortmund
Untersuchungen über den Umsatz bei der explosiblen Zersetzung von Azetylen
a) Zersetzung von gasförmigem Azetylen
b) Zersetzung von an Silikagel adsorbiertem Azetylen
1954, 48 Seiten, 8 Abb., 10 Tabellen, DM 9,25

HEFT 53
Professor Dr.-Ing. H. Opitz, Aachen
Reibwert und Verschleißmessungen an Kunststoffgleitführungen für Werkzeugmaschinen
1954, 38 Seiten, 18 Abb., DM 8,20

HEFT 54
Professor Dr.-Ing. F. A. F. Schmidt, Aachen
Schaffung von Grundlagen für die Erhöhung der spez. Leistung und Herabsetzung des spez. Brennstoffverbrauches bei Ottomotoren mit Teilbericht über Arbeiten an einem neuen Einspritzverfahren
1954, 34 Seiten, 15 Abb., DM 7,40

HEFT 55
Forschungsgesellschaft Blechverarbeitung e. V. Düsseldorf
Chemisches Glänzen von Messing und Neusilber
1954, 50 Seiten, 21 Abb., 1 Tabelle, DM 10,20

HEFT 56
Forschungsgesellschaft Blechverarbeitung e. V., Düsseldorf
Untersuchungen über einige Probleme der Behandlung von Blechoberflächen
1954, 52 Seiten, 42 Abb., DM 11,20

HEFT 57
Prof. Dr.-Ing. F. A. F. Schmidt, Aachen
Untersuchungen zur Erforschung des Einflusses des chemischen Aufbaues des Kraftstoffes auf sein Verhalten im Motor und in Brennkammern von Gasturbinen
1954, 70 Seiten, 32 Abb., DM 14,60

HEFT 58
Gesellschaft für Kohlentechnik mbH., Dortmund
Herstellung und Untersuchung von Steinkohlenschwelteer
1954, 74 Seiten, 9 Abb., 9 Tabellen, DM 13,75

HEFT 59
Forschungsinstitut der Feuerfest-Industrie e. V., Bonn
Ein Schnellanalysenverfahren zur Bestimmung von Aluminiumoxyd, Eisenoxyd und Titanoxyd in feuerfestem Material mittels organischer Farbreagenzien auf photometrischem Wege
Untersuchungen des Alkali-Gehaltes feuerfester Stoffe mit dem Flammenphotometer nach Riehm-Lange
1954, 62 Seiten, 12 Abb., 3 Tabellen, DM 11,60

HEFT 60
Forschungsgesellschaft Blechverarbeitung e. V., Düsseldorf
Untersuchungen über das Spritzlackieren im elektrostatischen Hochspannungsfeld
1954, 82 Seiten, 53 Abb., 7 Tabellen, DM 17,—

HEFT 61
Verein zur Förderung von Forschungs- und Entwicklungsarbeiten in der Werkzeugindustrie e. V., Remscheid
Schwingungs- und Arbeitsverhalten von Kreissägeblättern für Holz
1954, 54 Seiten, 31 Abb., DM 11,40

HEFT 62
Professor Dr. W. Franz, Institut für theoretische Physik der Universität Münster
Berechnung des elektrischen Durchschlags durch feste und flüssige Isolatoren
1954, 36 Seiten, DM 7,—

HEFT 63
Textilforschungsanstalt Krefeld
Neue Methoden zur Untersuchung der Wirkungsweise von Textilhilfsmitteln
Untersuchungen über Schlichtungs- und Entschlichtungsvorgänge
1954, 34 Seiten, 1 Abb., 5 Tabellen, DM 6,80

HEFT 64
Textilforschungsanstalt Krefeld
Die Kettenlängenverteilung von hochpolymeren Faserstoffen
Über die fraktionierte Fällung von Polyamiden
1954, 44 Seiten, 13 Abb., DM 8,60

HEFT 65
Fachverband Schneidwarenindustrie, Solingen
Untersuchungen über das elektrolytische Polieren von Tafelmesserklingen aus rostfreiem Stahl
1954, 90 Seiten, 38 Abb., 9 Tabellen, DM 17,35

HEFT 66
Dr.-Ing. P. Füsgen VDI †, Düsseldorf
Untersuchungen über das Auftreten des Ratterns bei selbsthemmenden Schneckengetrieben und seine Verhütung
1954, 32 Seiten, 5 Abb., DM 6,60

HEFT 67
Heinrich Wösthoff o. H. G., Apparatebau, Bochum
Entwicklung einer chemisch-physikalischen Apparatur zur Bestimmung kleinster Kohlenoxyd-Konzentrationen
1954, 94 Seiten, 48 Abb., 2 Tabellen, DM 18,25

HEFT 68
Kohlenstoffbiologische Forschungsstation e. V., Essen
Algengroßkulturen im Sommer 1952
II. Über die unsterile Großkultur von Scenedesmus obliquus
1954, 62 Seiten, 3 Abb., 29 Tabellen, DM 11,40

HEFT 69
Wäschereiforschung Krefeld
Bestimmung des Faserabbaues bei Leinen unter besonderer Berücksichtigung der Leinengarnbleiche
1954, 48 Seiten, 15 Abb., 3 Tabellen, DM 9,60

HEFT 70
Wäschereiforschung Krefeld
Trocknen von Wäschestoffen
1954, 52 Seiten, 18 Abb., 3 Tabellen, DM 10,—

HEFT 71
Prof. Dr.-Ing. K. Leist, Aachen
Kleingasturbinen, insbesondere zum Fahrzeugantrieb
1954, 114 Seiten, 85 Abb., DM 22,—

HEFT 72
Prof. Dr.-Ing. K. Leist, Aachen
Beitrag zur Untersuchung von stehenden geraden Turbinengittern mit Hilfe von Druckverteilungsmessungen
1954, 152 Seiten, 111 Abb., DM 36,20

HEFT 73
Prof. Dr.-Ing. K. Leist, Aachen
Spannungsoptische Untersuchungen von Turbinenschaufelfüßen
1954, 66 Seiten, 46 Abb., 2 Tabellen, DM 14,60

HEFT 74
Max-Planck-Institut für Eisenforschung, Düsseldorf
Versuche zur Klärung des Umwandlungsverhaltens eines sonderkarbidbildenden Chromstahls
1954, 58 Seiten, 10 Abb., DM 14,—

HEFT 75
Max-Planck-Institut für Eisenforschung, Düsseldorf
Zeit-Temperatur-Umwandlungs-Schaubilder als Grundlage der Wärmebehandlung der Stähle
1954, 44 Seiten, 13 Abb., DM 8,70

HEFT 76
Max-Planck-Institut für Arbeitsphysiologie, Dortmund
Arbeitstechnische und arbeitsphysiologische Rationalisierung von Mauersteinen
1954, 52 Seiten, 12 Abb., 3 Tabellen, DM 10,20

HEFT 77
Meteor Apparatebau Paul Schmeck GmbH., Siegen
Entwicklung von Leuchtstoffröhren hoher Leistung
1954, 46 Seiten, 12 Abb., 2 Tabellen, DM 9,15

HEFT 78
Forschungsstelle für Acetylen, Dortmund
Über die Zustandsgleichung des gasförmigen Acetylens und das Gleichgewicht Acetylen — Aceton
1954, 42 Seiten, 3 Abb., 8 Tabellen, DM 8,—

HEFT 79
Techn.-Wissenschaftl. Büro für die Bastfaserindustrie, Bielefeld
Trocknung von Leinengarnen III
Spinnspulen- und Spinnkopstrocknung
Vorgang und Einwirkung auf die Garnqualität
1954, 74 Seiten, 18 Abb., 10 Tabellen, DM 14,—

WESTDEUTSCHER VERLAG · KÖLN UND OPLADEN

HEFT 80
Techn.-Wissenschaftl. Büro für die Bastfaserindustrie, Bielefeld
Die Verarbeitung von Leinengarn auf Webstühlen mit und ohne Oberbau
1954, 30 Seiten, 2 Abb., 2 Tabellen, DM 6,—

HEFT 81
Prüf- und Forschungsinstitut für Ziegeleierzeugnisse, Essen-Kray
Die Einführung des großformatigen Einheits-Gitterziegels im Lande Nordrhein-Westfalen
1954, 54 Seiten, 2 Abb., 2 Tabellen, DM 10,—

HEFT 82
Vereinigte Aluminium-Werke AG., Bonn
Forschungsarbeiten auf dem Gebiet der Veredelung von Aluminium-Oberflächen
1954, 46 Seiten, 34 Abb., DM 9,60

HEFT 83
Prof. Dr. S. Strugger, Münster
Über die Struktur der Proplastiden
1954, 30 Seiten, 15 Abb., DM 8,40

HEFT 84
Dr. H. Baron, Düsseldorf
Über Standardisierung von Wundtextilien
1954, 32 Seiten, DM 6,40

HEFT 85
Textilforschungsanstalt Krefeld
Physikalische Untersuchungen an Fasern, Fäden, Garnen und Geweben:
Untersuchungen am Knickscheuergerät nach Weltzien
1954, 40 Seiten, 11 Abb., 8 Tabellen, DM 10,—

HEFT 86
Prof. Dr.-Ing. H. Opitz, Aachen
Untersuchungen über das Fräsen von Baustahl sowie über den Einfluß des Gefüges auf die Zerspanbarkeit
1954, 108 Seiten, 73 Abb., 7 Tabellen, DM 22,—

HEFT 87
Gemeinschaftsausschuß Verzinken, Düsseldorf
Untersuchungen über Güte von Verzinkungen
1954, 68 Seiten, 56 Abb., 3 Tabellen, DM 15,30

HEFT 88
Gesellschaft für Kohlentechnik mbH., Dortmund-Eving
Oxydation von Steinkohle mit Salpetersäure
1954, 62 Seiten, 2 Abb., 1 Tabelle, DM 11,50

HEFT 89
Verein Deutscher Ingenieure, Gleitlagerforschung, Düsseldorf
und Prof. Dr.-Ing. G. Vogelpohl, Göttingen
Versuche mit Preßstoff-Lagern für Walzwerke
1954, 70 Seiten, 34 Abb., DM 14,10

HEFT 90
Forschungs-Institut der Feuerfest-Industrie, Bonn
Das Verhalten von Silikasteinen im Siemens-Martin-Ofengewölbe
1954, 62 Seiten, 15 Abb., 11 Tabellen, DM 11,90

HEFT 91
Forschungs-Institut der Feuerfest-Industrie, Bonn
Untersuchungen des Zusammenhangs zwischen Leistung und Kohlenverbrauch von Kammeröfen zum Brennen von feuerfesten Materialien
1954, 42 Seiten, 6 Abb., DM 8,30

HEFT 92
Techn.-Wissenschaftl. Büro für die Bastfaserindustrie, Bielefeld
und Laboratorium für textile Meßtechnik, M.-Gladbach
Messungen von Vorgängen am Webstuhl
1954, 76 Seiten, 45 Abb., DM 15,50

HEFT 93
Prof. Dr. W. Kast, Krefeld
Spinnversuche zur Strukturerfassung künstlicher Zellulosefasern
1954, 82 Seiten, 39 Abb., 6 Tabellen, DM 16,—

HEFT 94
Prof. Dr. G. Winter, Bonn
Die Heilpflanzen des MATTHIOLUS (1611) gegen Infektionen der Harnwege und Verunreinigung der Wunden bzw. zur Förderung der Wundheilung im Lichte der Antibiotikaforschung
1954, 58 Seiten, 1 Abb., 2 Tabellen, DM 11,50

HEFT 95
Prof. Dr. G. Winter, Bonn
Untersuchungen über die flüchtigen Antibiotika aus der Kapuziner- (Tropaeolum maius) und Gartenkresse (Lepidium sativum) und ihr Verhalten im menschlichen Körper bei Aufnahme von Kapuziner- bzw. Gartenkressensalat per os
1955, 74 Seiten, 9 Abb., 25 Tabellen, DM 14,—

HEFT 96
Dr.-Ing. P. Koch, Dortmund
Austritt von Exoelektronen aus Metalloberflächen unter Berücksichtigung der Verwendung des Effektes für die Materialprüfung
1954, 34 Seiten, 13 Abb., DM 7,—

HEFT 97
Ing. H. Stein, Laboratorium für textile Meßtechnik, M.-Gladbach
Untersuchung der Verzugsvorgänge an den Streckwerken verschiedener Spinnereimaschinen
2. Bericht: Ermittlung der Haft-Gleiteigenschaften von Faserbändern und Vorgarnen
1955, 98 Seiten, 54 Abb., DM 21,—

HEFT 98
Fachverband Gesenkschmieden, Hagen
Die Arbeitsgenauigkeit beim Gesenkschmieden unter Hämmern
1955, 132 Seiten, 55 Abb., 9 Tabellen, DM 24,75

HEFT 99
Prof. Dr.-Ing. G. Garbotz, Aachen
Der Kraft- und Arbeitsaufwand sowie die Leistungen beim Biegen von Bewehrungsstählen in Abhängigkeit von den Abmessungen, den Formen und der Güte der Stähle (Ermittlung von Leistungsrichtlinien)
1955, 136 Seiten, 53 Abb., 3 Anlagen, 18 Tabellen, DM 30,—

HEFT 100
Prof. Dr.-Ing. H. Opitz, Aachen
Untersuchungen von elektrischen Antrieben, Steuerungen und Regelungen an Werkzeugmaschinen
1955, 166 Seiten, 71 Abb., 3 Tabellen, DM 31,30

HEFT 101
Prof. Dr.-Ing. H. Opitz, Aachen
Wirtschaftlichkeitsbetrachtungen beim Außenrundschleifen
1955, 100 Seiten, 56 Abb., 3 Tabellen, DM 19,30

HEFT 102
Dr. P. Hölemann, Ing. R. Hasselmann und Ing. G. Dix, Dortmund
Untersuchungen über die thermische Zündung von explosiblen Acetylenzersetzungen in Kapillaren
1954, 44 Seiten, 5 Abb., 4 Tabellen, DM 8,60

HEFT 103
Prof. Dr. W. Weizel, Bonn
Durchführung von experimentellen Untersuchungen über den zeitlichen Ablauf von Funken in komprimierten Edelgasen sowie zu deren mathematischen Berechnung
1955, 46 Seiten, 12 Abb., DM 9,10

HEFT 104
Prof. Dr. W. Weizel, Bonn
Über den Einfluß der Elektroden auf die Eigenschaften von Cadmium-Sulfid-Widerstands-Photozellen
1955, 48 Seiten, 12 Abb., DM 9,45

HEFT 105
Dr.-Ing. R. Meldau, Harsewinkel/Westf.
Auswertung von Gekörn — Analysen des Musterstaubes „Flugasche Fortuna I"
1955, 42 Seiten, 14 Abb., DM 8,50

HEFT 106
ORR. Dr.-Ing. W. Küch, Dortmund
Untersuchungen über die Einwirkung von feuchtigkeitsgesättigter Luft auf die Festigkeit von Leimverbindungen
1954, 60 Seiten, 10 Abb., 6 Tabellen, DM 11,40

HEFT 107
Prof. Dr. H. Lange und Dipl.-Phys. P. St. Pütter, Köln
Über die Konstruktion von Laboratoriumsmagneten
1955, 66 Seiten, 19 Abb., 1 Tabelle, DM 12,30

HEFT 108
Prof. Dr. W. Fuchs, Aachen
Untersuchungen über neue Beizmethoden und Beizabwässer
I. Die Entzunderung von Drähten mit Natriumhydrid
II. Die Aufbereitung von Beizabwässern
1955, 82 Seiten, 15 Abb., 14 Tabellen, 1 Falttafel, DM 15,25

HEFT 109
Dr. P. Hölemann und Ing. R. Hasselmann, Dortmund
Untersuchungen über die Löslichkeit von Azetylen in verschiedenen organischen Lösungsmitteln
1954, 42 Seiten, 10 Abb., 8 Tabellen, DM 8,30

HEFT 110
Dr. P. Hölemann und Ing. R. Hasselmann, Dortmund
Untersuchungen über den Druckverlauf bei der explosiblen Zersetzung von gasförmigem Azetylen
1955, 54 Seiten, 10 Abb., 5 Tabellen, DM 11,—

HEFT 111
Fachverband Steinzeugindustrie, Köln
Die Entwicklung eines Gerätes zur Beschickung seitlicher Feuer von Steinzeug-Einzelkammeröfen mit festen Brennstoffen
1955, 46 Seiten, 16 Abb., DM 9,40

HEFT 112
Prof. Dr.-Ing. H. Opitz, Aachen
Verschleißmessungen beim Drehen mit aktivierten Hartmetallwerkzeugen
1954, 44 Seiten, 17 Abb., 6 Tabellen, DM 8,80

HEFT 113
Prof. Dr. O. Graf, Dortmund
Erforschung der geistigen Ermüdung und nervösen Belastung: Studien über die vegetative 24-Stunden-Rhythmik in Ruhe und unter Belastung
1955, 40 Seiten, 12 Abb., DM 8,20

HEFT 114
Prof. Dr. O. Graf, Dortmund
Studien über Fließarbeitsprobleme an einer praxisnahen Experimentieranlage
1954, 34 Seiten, 6 Abb., DM 7,—

HEFT 115
Prof. Dr. O. Graf, Dortmund
Studium über Arbeitspausen in Betrieben bei freier und zeitgebundener Arbeit (Fließarbeit) und ihre Auswirkung auf die Leistungsfähigkeit
1955, 50 Seiten, 13 Abb., 2 Tabellen, DM 9,80

HEFT 116
Prof. Dr.-Ing. E. Siebel und Dr.-Ing. H. Weiss, Stuttgart
Untersuchungen an einigen Problemen des Tiefziehens — I. Teil
1955, 74 Seiten, 50 Abb., 5 Tabellen, DM 14,50

HEFT 117
Dr.-Ing. H. Beißwänger, Stuttgart, und Dr.-Ing. S. Schwandt, Trier
Untersuchungen an einigen Problemen des Tiefziehens — II. Teil
1955, 92 Seiten, 34 Abb., 8 Tabellen, DM 17,70

HEFT 118
Prof. Dr. E. A. Müller und Dr. H. G. Wenzel, Dortmund
Neuartige Klima-Anlage zur Erzeugung ungleicher Luft- und Strahlungstemperaturen in einem Versuchsraum
1955, 68 Seiten, 10 z. T. mehrfarb. Abb., DM 14,—

HEFT 119
Dr.-Ing. O. Viertel, Krefeld
Wäscherei- und energietechnische Untersuchung einer Gemeinschafts-Waschanlage
1955, 50 Seiten, 18 Abb., DM 10,20

HEFT 120
Dipl.-Ing. A. Weisbecker, Lüdenscheid
Über Anfressung an Reinstaluminium-Schweißnähten bei der elektrolytischen Oxydation
Gebr. Hörstermann GmbH., Velbert
Entwicklung und Erprobung eines neuartigen Gummibandförderers
1955, 46 Seiten, 18 Abb., DM 9,70

HEFT 121
Dr. H. Krebs, Bonn
I. Die Struktur und die Eigenschaften der Halbmetalle
II. Die Bestimmung der Atomverteilung in amorphen Substanzen
III. Die chemische Bindung in anorganischen Festkörpern und das Entstehen metallischer Eigenschaften
1955, 124 Seiten, 36 Abb., 13 Tabellen, DM 22,90

HEFT 122
Prof. Dr. W. Fuchs, Aachen
Untersuchungen zur Verbesserung der Wasseraufbereitung und Wasseranalyse:
Über die Schnellbewertung von Ionenaustauscher
1955, 62 Seiten, 32 Abb., 12 Tabellen, DM 12,30

HEFT 123
Dipl.-Ing. J. Emondts, Aachen
Über Bodenverformungen bei stark gestörtem und mächtigem, wasserführendem Deckgebirge im Aachener Steinkohlengebiet
1955, 196 Seiten, 37 Abb., 10 Tabellen, DM 28,80

HEFT 124
Prof. Dr. R. Seyffert, Köln
Wege und Kosten der Distribution der Hausratwaren im Lande Nordrhein-Westfalen
1955, 74 Seiten, 25 Tabellen, DM 9,—

WESTDEUTSCHER VERLAG · KÖLN UND OPLADEN

HEFT 125
Prof. Dr. E. Kappler, Münster
Eine neue Methode zur Bestimmung von Kondensations-Koeffizienten von Wasser
1955, 46 Seiten, 11 Abb., 1 Tabelle, DM 9,10

HEFT 126
Prof. Dr.-Ing. J. Mathieu, Aachen
Arbeitszeitvergleich
Grundlagen, Methodik und praktische Durchführung
1955, 70 Seiten, DM 13,—

HEFT 127
*Güteschutz Betonstein e. V.,
Arbeitskreis Nordrhein-Westfalen, Dortmund*
Die Betonwaren-Gütesicherung im Lande Nordrhein-Westfalen
1955, 58 Seiten, 15 Abb., 3 Tabellen, DM 11,50

HEFT 128
Prof. Dr. O. Schmitz-DuMont, Bonn
Untersuchungen über Reaktionen in flüssigem Ammoniak
1955, 96 Seiten, 11 Abb., 6 Tabellen, DM 17,75

HEFT 129
Prof. Dr.-Ing. J. Mathieu und Dr. C. A. Roos, Aachen
Die Anlernung von Industriearbeitern
I. Ergebnisse einer grundsätzlichen Untersuchung der gegenwärtigen Industriearbeiter-Kurzanlernung
1955, 106 Seiten, DM 19,70

HEFT 130
Prof. Dr.-Ing. J. Mathieu und Dr. C. A. Roos, Aachen
Die Anlernung von Industriearbeitern
II. Beiträge zur Methodenfrage der Kurzanlernung
1955, 108 Seiten, DM 19,90

HEFT 131
Dr. W. Hoerburger, Köln
Versuche zur Biosynthese von Eiweiß aus Kohlenwasserstoff
1955, 34 Seiten, 2 Abb., DM 6,90

HEFT 132
Prof. Dr. W. Seith, Münster
Über Diffusionserscheinungen in festen Metallen
1955, 42 Seiten, 19 Abb., 4 Tabellen, DM 9,10

HEFT 133
Prof. Dr. E. Jenckel, Aachen
Über einen für Schwermetalle selektiven Ionenaustauscher
1955, 48 Seiten, 8 Abb., 13 Tabellen, DM 9,50

HEFT 134
Prof. Dr.-Ing. H. Winterhager, Aachen
Über die elektrochemischen Grundlagen der Schmelzfluß-Elektrolyse von Bleisulfid in geschmolzenen Mischungen mit Bleichlorid
1955, 54 Seiten, 20 Abb., 5 Tabellen, DM 11,80

HEFT 135
Prof. Dr.-Ing. K. Krekeler und Dr.-Ing. H. Peukert, Aachen
Die Änderung der mechanischen Eigenschaften thermoplastischer Kunststoffe durch Warmrecken
1955, 54 Seiten, 27 Abb., DM 11,10

HEFT 136
Dipl.-Phys. P. Pilz, Remscheid
Über spezielle Probleme der Zerkleinerungstechnik von Weichstoffen
1955, 58 Seiten, 19 Abb., 2 Tabellen, DM 11,50

HEFT 137
Prof. Dr. W. Baumeister, Münster
Beiträge zur Mineralstoffernährung der Pflanzen
1955, 64 Seiten, 6 Tabellen, DM 11,80

HEFT 138
Dr. P. Hölemann und Ing. R. Hasselmann, Dortmund
Untersuchungen über die Zersetzungswärme von gasförmigem und in Azeton gelöstem Azetylen
1955, 54 Seiten, 8 Abb., 7 Tabellen, DM 10,40

HEFT 139
Prof. Dr. W. Fuchs, Aachen
Studien über die thermische Zersetzung der Kohle und die Kohlendestillatprodukte
1955, 64 Seiten, 20 Abb., 22 Tabellen, DM 11,80

HEFT 140
Dr.-Ing. G. Hausberg, Essen
Modellversuche an Zyklonen
1955, 78 Seiten, 24 Abb., DM 15,70

HEFT 141
Dr. J. van Calker und Dr. R. Wienecke, Münster
Untersuchungen über den Einfluß dritter Analysenpartner auf die spektrochemische Analyse
1955, 42 Seiten, 15 Abb., DM 9,10

HEFT 142
Dipl.-Ing. G. M. F. Wiebel, Hannover, A. Konermann und A. Ottenheym, Sennelager
Entwicklung eines Kalksandleichtsteines
1955, 38 Seiten, 4 Abb., DM 8,—

HEFT 143
Prof. Dr. F. Wever, Dr. A. Rose und Dipl.-Ing. W. Straßburg, Düsseldorf
Härtbarkeit und Umwandlungsverhalten der Stähle
1955, 50 Seiten, 12 Abb., 3 Tabellen, DM 10,70

HEFT 144
Prof. Dr. H. Wurmbach, Bonn
Steuerung von Wachstum und Formbildung
1955, 48 Seiten, 19 Abb., DM 10,30

HEFT 145
Dr.-Ing. H. Hennemann, Werdohl (Westf.)
Beitrag zur Interpretation der modernen Atomphysik
1955, 34 Seiten, DM 10,—

HEFT 146
Dr.-Ing. F. Gruß, Düsseldorf
Sterilisation mit Heißluft
1955, 34 Seiten, 10 Abb., DM 7,70

HEFT 147
Dr.-Ing. W. Rudisch, Unna
Untersuchung einer drehelastischen Elektromagnet-Synchronkupplung
1955, 82 Seiten, 65 Abb., DM 17,70

HEFT 148
Prof. Dr. H. Bittel u. Dipl.-Phys. L. Storm, Münster
Untersuchungen über Widerstandsrauschen
1955, 40 Seiten, 5 Abb., DM 8,40

HEFT 149
Dipl.-Ing. K. Konopicky und Dipl.-Chem. P. Kampa, Bonn
I. Beitrag zur flammenphotometrischen Bestimmung des Calciums.
Dr.-Ing. K. Konopicky, Bonn
II. Die Wanderung von Schlackenbestandteilen in feuerfesten Baustoffen
1955, 54 Seiten, 10 Abb., 5 Tabellen, DM 11,—

HEFT 150
Prof. Dr.-Ing. O. Kienzle und Dipl.-Ing. W. Timmerbeil, Hannover
Das Durchziehen enger Kragen an ebenen Fein- und Mittelblechen
1955, 52 Seiten, 20 Abb., 8 Tabellen, DM 11,30

HEFT 151
Dipl.-Ing. P. Karabasch, Aachen
Feststellung des optimalen Gasgehaltes von Bronzen zur Erzielung druckdichter Gußstücke
1956, 64 Seiten, 31 Abb., 5 Tabellen, DM 13,90

HEFT 152
Dipl.-Ing. G. Müller, Köln
Ermittlung der Laufeigenschaften (Vergießbarkeit) von Bronze und Rotguß mittels der Schneider-Gießspirale
1955, 60 Seiten, 33 Abb., DM 13,30

HEFT 153
Prof. Dr. F. Wever, Dr.-Ing. W. A. Fischer und Dipl.-Ing. J. Engelbrecht, Düsseldorf
I. Die Reduktion sauerstoffhaltiger Eisenschmelzen im Hochvakuum mit Wasserstoff und Kohlenstoff
II. Einfluß geringer Sauerstoffgehalte auf das Gefüge und Alterungsverhalten von Reineisen
1955, 54 Seiten, 15 Abb., 2 Tabellen, DM 12,40

HEFT 154
Prof. Dr.-Ing. P. Bardenheuer und Dr.-Ing. W. A. Fischer, Düsseldorf
Die Verschlackung von Titan aus Stahlschmelzen im sauren und basischen Hochfrequenzofen unter verschiedenen Schlacken
1955, 36 Seiten, 10 Abb., 1 Tabelle, DM 7,95

HEFT 155
Dipl.-Phys. K. H. Schirmer, München
Die auf Grau abgestimmte Farbwiedergabe im Dreifarbenbuchdruck
1955, 46 Seiten, 17 Abb., 2 Farbtafeln, DM 10,—

HEFT 156
Prof. Dr.-Ing. B. von Borries und Mitarbeiter, Düsseldorf
Die Entwicklung regelbarer permanentmagnetische Elektronenlinsen hoher Brechkraft und eines mi ihnen ausgerüsteten Elektronenmikroskopes neue Bauart
1956, 102 Seiten, 52 Abb., DM 22,5

HEFT 157
Dr. W. Jawtusch, Dr. G. Schuster und Prof. Dr.-Ing. R. Jaeckel, Bonn
Untersuchungen über die Stoßvorgänge zwische neutralen Atomen und Molekülen
1955, 48 Seiten, 15 Abb., 3 Tabellen, DM 10,5

HEFT 158
Dipl.-Ing. W. Rosenkranz, Meinerzhagen
Ein Beitrag zum Problem der Spannungskorrosior bei Preßprofilen und Preßteilen aus Aluminium-Legierungen
1956, 112 Seiten, 61 Abb., 5 Tabellen, DM 27,4C

HEFT 159
Dr.-Ing. O. Viertel und O. Oldenroth, Krefeld
Das Bleichen von Weißwäsche mit Wasserstoffsuperoxyd bzw. Natriumhypochlorit beim maschinellen Waschen
1955, 54 Seiten, 23 Abb., 2 Tabellen, DM 11,4.

HEFT 160
Prof. Dr. W. Klemm, Münster
Über neue Sauerstoff- und Fluor-haltige Komplexe
1955, 50 Seiten, 13 Abb., 7 Tabellen, DM 10,8C

HEFT 161
Prof. Dr. W. Weltzien und Dr. G. Hauschild, Krefeld
Über Silikone und ihre Anwendung in der Textilveredlung
1955, 162 Seiten, 22 Abb., 10 Tabellen, DM 27,—

HEFT 162
Prof. Dr. F. Wever, Prof. Dr. A. Kochendörfer und Dr.-Ing. Chr. Rohrbach, Düsseldorf
Kennzeichnung der Sprödbruchneigung von Stählen durch Messung der Fließspannung, Reißspannung und Brucheinschnürung an dreiachsig beanspruchten Proben
1955, 58 Seiten, 26 Abb., DM 13,—

HEFT 163
Dipl.-Ing. W. Rohs und Text.-Ing. H. Griese, Bielefeld
Untersuchungsarbeiten zur Verbesserung des Leinenwebstuhls III
1955, 80 Seiten, 15 Abb., 18 Tabellen, DM 15,80

HEFT 164
Dr.-Ing. H. Schmachtenberg, Köln
Neuartige Prüfeinrichtungen für Kraftfahrzeuge
1955, 44 Seiten, 23 Abb., DM 9,60

HEFT 165
Dr.-Ing. W. Wilhelm, Aachen
Instationäre Gasströmung im Auspuffsystem eines Zweitaktmotors
1955, 62 Seiten, 31 Abb., 8 Tabellen, DM 13,60

HEFT 166
Prof. Dr. M. v. Stackelberg, Dr. H. Heindze, Dr. H. Hübschke und Dr. K. H. Frangen, Bonn
Kolloidchemische Untersuchungen
1955, 106 Seiten, 8 Abb., 13 Tabellen, DM 21,25

HEFT 167
Prof. Dr.-Ing. F. Schuster, Essen
I. Über die Heißkarburierung von Brenngasen mit Ölen und Teeren
II. Die Strahlungsvorgänge in brennstoffbeheizten Öfen bei verschiedenen Verbrennungsatmosphären
1955, 38 Seiten, 8 Abb., DM 8,30

HEFT 168
Prof. Dr.-Ing. F. Schuster, Essen
I. Luftvorwärmung an Gasfeuerungen
II. Heizwerthöhe von Brenngasen und Wirkungsgrad sowie Gasverbrauch bei der Gasverwendung
III. Sauerstoffangereicherte Luft und feuerungstechnische Kenngrößen von Brenngasen
1955, 60 Seiten, 18 Abb., DM 12,50

HEFT 169
Forschungsinstitut für Pigmente und Lacke, Stuttgart
Arbeiten über die Bestimmung des Gebrauchswertes von Lackfilmen durch physikalische Prüfungen
1955, 70 Seiten, 23 Abb., 4 Tabellen, DM 15,—

HEFT 170
Prof. Dr. F. Wever, Dr. A. Rose und Dipl.-Ing. L. Rademacher, Düsseldorf
Anwendung der Umwandlungsschaubilder auf Fragen der Werkstoffauswahl beim Schweißen und Flammhärten
1955, 64 Seiten, 25 Abb., DM 13,70

WESTDEUTSCHER VERLAG · KÖLN UND OPLADEN

HEFT 171
Wäschereiforschung Krefeld
Untersuchung der Wäscheentwässerung mit Hilfe von Zentrifugen und Pressen
1955, 42 Seiten, 16 Abb., 4 Tabellen, DM 9,70

HEFT 172
Dipl.-Ing. W. Rohs, Dr.-Ing. G. Satlow und Text.-Ing. G. Heller, Bielefeld
Trocknung von Hanfgarnen. Kreuzspultrocknung
1955, 60 Seiten, 7 Abb., 4 Tabellen, DM 10,30

HEFT 173
Prof. Dr. R. Hosemann und Dipl.-Phys. G. Schoknecht, Berlin, vorgelegt von Prof. Dr. W. Kast, Krefeld
Lichtoptische Herstellung und Diskussion der Faltungsquadrate parakristalliner Gitter
1956, 108 Seiten, 63 Abb., 6 Tabellen, DM 24,70

HEFT 174
Prof. Dr. W. von Fragstein, Dr. J. Meingast und H. Hoch, Köln
Herstellung von Solen einheitlicher Teilchengröße und Ermittlung ihrer optischen Eigenschaften
1955, 78 Seiten, 80 Abb., 4 Tabellen, DM 18,25

HEFT 175
Dr.-Ing. H. Zeller, Aachen
Beitrag zur eindimensionalen stationären und nichtstationären Gasströmung mit Reibung und Wärmeleitung insbesondere in Rohren mit unstetigen Querschnittsänderungen
1956, 138 Seiten, 56 Abb., DM 29,30

HEFT 176
Dipl.-Ing. H. Schöberl, Duisburg
Über die Methoden zur Ermittlung der Verbrennungstemperatur von Brennstoffen und ein Vorschlag zu ihrer Verbesserung
1955, 30 Seiten, 3 Abb., DM 6,50

HEFT 177
Dipl.-Ing. H. Stüdemann, Solingen, und Dr.-Ing. W. Müchler, Essen
Entwicklung eines Verfahrens zur zahlenmäßigen Bestimmung der Schneideigenschaften von Messerklingen
1956, 104 Seiten, 68 Abb., 4 Tabellen, DM 22,20

HEFT 178
Prof. Dr. M. von Stackelberg u. Dr. W. Hans, Bonn
Untersuchungen zur Ausarbeitung und Verbesserung von polarographischen Analysenmethoden
1955, 46 Seiten, 14 Abb., DM 10,50

HEFT 179
Dipl.-Ing. H. F. Reineke, Bochum
Entwicklungsarbeiten auf dem Gebiete der Meß- und Regeltechnik
1955, 46 Seiten, 10 Abb., DM 10,—

HEFT 180
Dr.-Ing. W. Piepenburg, Dipl.-Ing. B. Bühling und Bauing. J. Behnke, Köln
Putzarbeiten im Hochbau und Versuche mit aktiviertem Mörtel und mechanischem Mörtelauftrag
1955, 116 Seiten, 31 Abb., 68 Tabellen, DM 23,—

HEFT 181
Prof. Dr. W. Franz, Münster
Theorie der elektrischen Leitvorgänge in Halbleitern und isolierenden Festkörpern bei hohen elektrischen Feldern
1955, 28 Seiten, 2 Abb., 1 Tabelle, DM 6,20

HEFT 182
Dr.-Ing. P. Schenk u. Dr. K. Osterloh, Düsseldorf
Katalytisch-thermische Spaltung von gasförmigen und flüssigen Kohlenwasserstoffen zur Spitzengaserzeugung
1955, 50 Seiten, 11 Abb., 11 Tabellen, DM 10,90

HEFT 183
Dr. W. Bornheim, Köln
Entwicklungsarbeiten an Flaschen- und Ampullen-Behandlungsmaschinen für die pharmazeutische Industrie
1956, 48 Seiten, 24 Abb., DM 11,70

HEFT 184
Dr.-Ing. E. Printz, Kettwig
Vollhydraulische Parallel-Kupplung für Ackerschlepper
1955, 32 Seiten, 4 Abb., DM 7,80

HEFT 185
Dipl.-Ing. W. Rohs und Text.-Ing. G. Heller, Bielefeld
Studien an einem neuzeitlichen Kreuzspultrockner für Bastfasergarne mit Wiederbefeuchtungszone
1955, 52 Seiten, 9 Abb., 3 Tabellen, DM 10,70

HEFT 186
Dr. E. Wedekind, Krefeld
Untersuchungen zur Arbeitsbestgestaltung bei der Fertigstellung von Oberhemden in gewerblichen Wäschereien
1955, 124 Seiten, 28 Abb., 6 Tabellen, 2 Falttaf., DM 12,—

HEFT 187
Dipl.-Ing. F. Göttgens, Essen
Über die Eigenarten der Bimetall-, Thermo- und Flammenionisationssicherungsmethode in ihrer Anwendung auf Zündsicherungen
1955, 40 Seiten, 6 Abb., 4 Tabellen, DM 8,40

HEFT 188
W. Kinnebrock, Langenberg (Rhld.)
Der Einfluß des Austausches gleicher Gaskochbrenner bzw. Gaskochbrennerteile auf den Wirkungsgrad und insbesondere auf den CO-Gehalt der Verbrennungsgase
1955, 42 Seiten, 7 Tabellen, DM 8,70

HEFT 189
Fa. E. Leybold's Nachfolger, Köln
I. Ausgewählte Kapitel aus der Vakuumtechnik
II. Zum Verlust anorganisch-nichtflüchtiger Substanzen während der Gefriertrocknung
1955, 52 Seiten, 16 Abb., 3 Tabellen, DM 11,20

HEFT 190
Prof. Dr. A. Neuhaus, Prof. Dr. O. Schmitz-DuMont und Dipl.-Chem. H. Reckhard, Bonn
Zur Kenntnis der Alkalititanate
1955, 60 Seiten, 13 Abb., 1 Tabelle, DM 12,20

HEFT 191
Dr. H. Söhngen, Darmstadt
Schwingungsverhalten eines Schaufelkranzes im Vakuum
1955, 36 Seiten, 7 Abb., DM 7,80

HEFT 192
Dipl.-Phys. E. M. Schneider, München
Kohlebogenlampen für Aufnahme und Kopie
1955, 48 Seiten, 21 Abb., 3 Tabellen, DM 10,60

HEFT 193
Prof. Dr. O. Schmitz-DuMont, Bonn
Untersuchungen über neue Pigmentfarbstoffe
1956, 50 Seiten, 16 Abb., 8 Tabellen, DM 11,20

HEFT 194
Dr. K. Hecht, Köln
Entwicklung neuartiger physikalischer Unterrichtsgeräte
1955, 42 Seiten, 16 Abb., DM 9,90

HEFT 195
Dr.-Ing. E. Rößger, Köln
Gedanken über einen neuen deutschen Luftverkehr
1955, 342 Seiten, 29 Abb., 122 Tabellen, DM 50,—

HEFT 196
Dipl.-Ing. W. Rohs, und Text.-Ing. H. Griese, Bielefeld
Auswirkungen von Garnfehlern bei der Verarbeitung von Leinengarnen
1955, 36 Seiten, 3 Abb., 6 Tabellen, DM 7,80

HEFT 197
Dr. E. Wedekind, Krefeld
Untersuchungen zur Bestimmung der optimalen Arbeitsplatzgröße bei Mehrstuhlarbeit in der Weberei
1955, 92 Seiten, 34 Abb., 2 Tabellen, DM 18,50

HEFT 198
Prof. Dr. J. Weissinger, Karlsruhe
Zur Aerodynamik des Ringflügels. Die Druckverteilung dünner, fast drehsymmetrischer Flügel in Unterströmung
1955, 42 Seiten, 5 Abb., DM 9,—

HEFT 199
Textilforschungsanstalt Krefeld
Die Messung von Gewebetemperaturen mittels Temperaturstrahlung
1955, 50 Seiten, 12 Abb., DM 10,90

HEFT 200
R. Seipenbusch, Langenberg (Rhld.)
Spitzengas durch Zusatz von Flüssiggas-Wassergas- und Flüssiggas-Generatorgas-Gemischen zu Stadtgas
1955, 48 Seiten, 21 Tabellen, DM 10,35

HEFT 201
Dr.-Ing. E. W. Pleines, Frankfurt/Main
Die Sicherheit im Luftverkehr
1956, 194 Seiten, 39 Abb., 19 Tabellen, DM 39,45

HEFT 202
Dipl.-Ing. D. Fiecke, Stuttgart/Zuffenhausen
Die Bestimmung der Flugzeugpolaren für Entwurfszwecke. I. Teil: Unterlagen
in Vorbereitung

HEFT 203
Dr. G. Wandel, Bonn
Uferbewachsung und Lebendverbauung an den Nordwestdeutschen Kanälen und ihren Zuflüssen sowie an der Ruhr
in Vorbereitung

HEFT 204
Dipl.-Ing. B. Naendorf, Langenberg (Rhld.)
Bestimmung der Brenneigenschaften und des Brennverhaltens verschiedener Gasarten und Einfluß verschiedener Düsengestaltung
1955, 32 Seiten, DM 7,10

HEFT 205
Dr. C. Schaarwächter, Düsseldorf
Über plastische Kupfer-Eisen-Phosphor-Legierungen
1956, 36 Seiten, 10 Abb., 10 Tabellen, DM 8,30

HEFT 206
Dr. P. Hölemann, Ing. R. Hasselmann und Ing. G. Dix, Dortmund
Untersuchungen über die Vorgänge bei der Zersetzung von in Azeton gelöstem Azetylen
1956, 74 Seiten, 7 Abb., 7 Tabellen, DM 15,55

HEFT 207
Prof. Dr.-Ing. H. Opitz, Dipl.-Ing. K. H. Fröhlich und Dipl.-Ing. H. Siebel, Aachen
Richtwerte für das Fräsen von unlegierten und legierten Baustählen mit Hartmetall. I. Teil
in Vorbereitung

HEFT 208
Prof. Dr.-Ing. H. Müller, Essen
Untersuchung von Elektrowärmegeräten für Laienbedienung hinsichtlich Sicherheit und Gebrauchsfähigkeit. I. Untersuchungen an Kochplatten
in Vorbereitung

HEFT 209
Dr. K. Bunge, Leverkusen
Materialabbau in Funkenentladungen. Untersuchungen an Zinkkathoden
1956, 54 Seiten, 10 Abb., 5 Tabellen, DM 11,40

HEFT 210
Dr. W. Porschen und Prof. Dr. W. Riezler, Bonn
Langlebige Alphaaktivitäten bei natürlichen Elementen
1955, 40 Seiten, 5 Abb., 4 Tabellen, DM 8,80

HEFT 211
Prof. Dipl.-Ing. W. Sturtzel und Dr.-Ing. W. Graff, Duisburg
Die Versuchsanstalt für Binnenschiffbau, Duisburg
1956, 48 Seiten, 22 Abb., DM 11,—

HEFT 212
Dipl.-Ing. H. Spodig, Selm
Untersuchung zur Anwendung der Dauermagnete in der Technik
1955, 44 Seiten, 25 Abb., DM 9,80

HEFT 213
Dipl.-Ing. K. F. Rittinghaus, Aachen
Zusammenstellung eines Meßwagens für Bau- und Raumakustik
in Vorbereitung

HEFT 214
Dr.-Ing. J. Endres, München
Berechnung der optimalen Leistungen, Kraftstoffverbräuche und Wirkungsgrade von Einkreis-Turbolader-Strahltriebwerken am Boden und in der Höhe bei Fluggeschwindigkeiten von 0—2000 km/h
1956, 72 Seiten, 18 Abb., 8 Tabellen, DM 15,40

HEFT 215
Prof. Dr.-Ing. H. Opitz und Dr.-Ing. G. Weber, Aachen
Einfluß der Wärmebehandlung von Baustählen auf Spanentstehung, Schnittkraft- und Standzeitverhalten
in Vorbereitung

HEFT 216
Dr. E. Kloth, Köln
Untersuchungen über die Ausbreitung kurzer Schallimpulse bei der Materialprüfung mit Ultraschall
1956, 90 Seiten, 60 Abb., 4 Tabellen, DM 19,40

HEFT 217
Rationalisierungskuratorium der Deutschen Wirtschaft (RKW), Frankfurt/Main
Typenvielzahl bei Haushaltgeräten und Möglichkeiten einer Beschränkung
1956, 328 Seiten, 2 Abb., 181 Tabellen, DM 49,50

HEFT 218
Dr. F. Keune, Aachen
Bericht über eine Theorie der Strömung um Rotationskörper ohne Anstellung bei Machzahl Eins
1955, 40 Seiten, 8 Abb., 5 Formelblätter, DM 8,80

HEFT 219
Prof. Dr. W. Fuchs, Aachen
Untersuchungen zur Holzabfallverwertung und zur Chemie des Lignins
1955, 54 Seiten, 11 Abb., 15 Tabellen, DM 11,40

WESTDEUTSCHER VERLAG · KÖLN UND OPLADEN

HEFT 220
Prof. Dr. W. Fuchs, Aachen
Die Entwicklung neuer Regel- und Kontroll-Apparate zur coulometrischen Analyse
1956, 76 Seiten, 17 Abb., 23 Tabellen, DM 15,50

HEFT 221
Dr. W. Meyer-Eppler, Bonn
Experimentelle Untersuchungen zum Mechanismus von Stimme und Gehör in der lautsprachlichen Kommunikation
1955, 56 Seiten, 24 Abb., DM 13,45

HEFT 222
Dr. L. Köllner, Münster, und Dipl.-Volkswirt M. Kaiser, Bochum
Die internationale Wettbewerbsfähigkeit der westdeutschen Wollindustrie
1956, 214 Seiten, DM 39,50

HEFT 223
Dr.-Ing. K. Alberti und Dr. F. Schwarz, Köln
Über das Problem Hartbrand - Weichbrand
1956, 54 Seiten, 25 Abb., 14 Tabellen, DM 12,10

HEFT 224
Dipl.-Ing. H. Stüdeman und Ing. R. Beu, Solingen
Verfahren zur Prüfung der Korrosionsbeständigkeit von Messerklingen aus rostfreiem Stahl
1956, 82 Seiten, 28 Abb., DM 16,90

HEFT 225
Dr.-Ing. E. Barz, Remscheid
Der Spannungszustand von Gattersägeblättern
in Vorbereitung

HEFT 226
Technisch-wissenschaftliches Büro für die Bastfaserindustrie, Bielefeld
Untersuchungen zur Verbesserung des Leinenwebstuhles IV
Die Wirkung verschiedener Kettbaumbremsen auf die Verwebung von Leinengarnen
1956, 64 Seiten, 9 Abb., 4 Tabellen, DM 13,50

HEFT 227
Prof. Dr. F. Wever, Düsseldorf und Dr. W. Wepner, Köln
Untersuchung der Alterungsneigung von weichen unlegierten Stählen durch Härteprüfung bei Temperaturen bis 300 Grad C
1956, 34 Seiten, 20 Abb., 3 Tabellen, DM 7,95

HEFT 228
Prof. Dr. F. Wever, Dr. W. Koch, Düsseldorf und Dr. B. A. Steinkopf, Dortmund
Spektrochemische Grundlagen der Analyse von Gemischen aus Kohlenmonoxyd, Wasserstoff und Stickstoff
in Vorbereitung

HEFT 229
Prof. Dr. F. Wever, Dr. W. Koch und Dr.-Ing. H. Malissa, Düsseldorf
Über die Anwendung disubstituierter Dithiocarbamate der analytischen Chemie
1956, 44 Seiten, 30 Abb., 5 Tabellen, DM 10,50

HEFT 230
Prof. Dr. F. Wever, Düsseldorf und Dr. W. Wepner, Köln
Bestimmung kleiner Kohlenstoffgehalte im Alpha-Eisen durch Dämpfungsmessung
1956, 34 Seiten, 5 Abb., 2 Tabellen, DM 7,70

HEFT 231
Dr.-Ing. W. Küch, Dortmund
Über die Wechselwirkung zwischen Holzschutzbehandlung und Verleimung
1956, 48 Seiten, 10 Abb., 8 Tabellen, DM 10,40

HEFT 232
Prof. Dr.-Ing. O. Kienzle, Hannover und Dr.-Ing. H. Münnich, Schweinfurt
Feststellung der Spannungen und Dehnungen und Bruchdrehzahlen der unter Fliehkraft und Bearbeitungskraft beanspruchten Schleifkörper
in Vorbereitung

HEFT 233
Dr. H. Haase, Hamburg
Infrarot-Bibliographie
1956, 90 Seiten, DM 17,80

HEFT 234
Dr.-Ing. K. G. Speith und Dr.-Ing. A. Bungeroth, Duisburg
Versuche zur Steigerung des Kokillen-Schluckvermögens beim Stranggießen von Stahl
1956, 26 Seiten, 5 Abb., DM 6,15

HEFT 235
Prof. Dr.-Ing. K. Leist und Dipl.-Ing. W. Dettmering, Aachen
Turbinenschaufeln aus Kunststoff für Kaltluftversuchsanlagen
1956, 46 Seiten, 43 Abb., 3 Tabellen, DM 12,30

HEFT 236
Dr.-Ing. O. Viertel und S. Lucas, Krefeld
Ergebnisse einer Hausfrauenbefragung über Wascheinrichtungen und Waschmethoden in städtischen Haushaltungen
1956, 34 Seiten, 4 Abb., DM 7,60

HEFT 237
Dr. P. Endler und Dr. H. Ludes, Köln
Bericht über eine Studienreise zur Orientierung der heutigen Behandlung der Lungentuberkulose in den Vereinigten Staaten von Nordamerika
1956, 32 Seiten, DM 7,10

HEFT 238
Institut für textile Meßtechnik, M.-Gladbach, e.V.
Untersuchung der Verzugsvorgänge an den Streckwerken verschiedener Spinnereimaschinen. 3. Bericht: Theoretische Betrachtungen über den Einfluß schlagender Zylinder und Druckrollen
in Vorbereitung

HEFT 239
Prof. Dr.-Ing. K. Leist und Dipl.-Ing. H. Scheele, Aachen und Dipl.-Ing. F. H. Flottmann, Herne
Versuche an einem neuartigen luftgekühlten Hochleistungs-Kolbenkompressor
in Vorbereitung

HEFT 240
Prof. Dr.-Ing. K. Leist und Dipl.-Ing. H. Scheele, Aachen
Temperaturmessungen an einem einstufigen luftgekühlten 4-Zylinder-Kolbenkompressor mit Kühlgebläse
in Vorbereitung

HEFT 241
Prof. Dr.-Ing. K. Leist und Dipl.-Ing. M. Pötke, Aachen
Leistungsversuche an einem Kühlluftgebläse
in Vorbereitung

HEFT 242
Prof. Dr.-Ing. K. Leist und Dipl.-Ing. K. Graf, Aachen
Straßenfahrzeuge mit Gasturbinenantrieb
in Vorbereitung

HEFT 243
Prof. Dr.-Ing. K. Leist und Dipl.-Ing. S. Förster, Aachen
Die französische Kleingasturbine Artouste — 1. Teil
in Vorbereitung

HEFT 244
Prof. Dr. F. Wever, Dr. W. Koch und Dr. S. Eckhard, Düsseldorf
Erfahrungen mit der spektrochemischen Analyse von Gefügebestandteilen des Stahles
1956, 32 Seiten, 8 Abb., 2 Tabellen, DM 7,80

HEFT 245
Prof. Dr.-Ing. K. Krekeler, Aachen
Das Verbinden von Metallen durch Kunstharzkleber. Teil I: Eigenschaften und Verwendung der Metallklebstoffe
1956, 48 Seiten, 8 Abb., DM 10,25

HEFT 246
Prof. Dr.-Ing. K. Krekeler, Aachen
Das Verbinden von Metallen durch Kunstharzkleber. Teil II: Untersuchungen an geklebten Leichtmetall-Verbindungen
in Vorbereitung

HEFT 247
Dr. H. Söhngen, Darmstadt
Strömung vor einem Überschall-Laufrad
1956, 26 Seiten, 4 Abb., DM 7,60

HEFT 248
Rheinische Aktiengesellschaft für Braunkohlenbergbau und Brikettfabrikation, Köln
Untersuchung der Bindemitteleigenschaften von Braunkohlenfilteraschen
in Vorbereitung

HEFT 249
Dr. M.-E. Meffert, Essen
Weitere Kulturversuche Scenedesmus obliquus
1956, 36 Seiten, 5 Abb., 10 Tabellen, DM 8,—

HEFT 250
Dr. F. Schwarz und Dr.-Ing. K. Alberti, Köln
Entwicklung von Untersuchungsverfahren zur Gütebeurteilung von Industriekalken
in Vorbereitung

HEFT 251
Prof. Dr. H. Bittel, Münster
Zur Statistik der ferromagnetischen Elementarvorgänge und ihren Einfluß auf das Barkhausenrauschen
in Vorbereitung

HEFT 252
Dipl.-Ing. H. Frings, Geilenkirchen
Die Wirkung abfallender Wetterführung auf Wettertemperatur, Grubengasgehalt und Staubbildung
in Vorbereitung

HEFT 253
Dipl.-Ing. S. Schirmanski, Berghausen
Stand und Auswertung der Forschungsarbeiten über Temperatur- und Feuchtigkeitsgrenzen bei der bergmännischen Arbeit
in Vorbereitung

HEFT 254
Prof. Dr. R. Danneel, Bonn
Quantitative Untersuchungen über die Entwicklung des Ehrlich-Ascitesturmos bei Inzuchtmäusen
in Vorbereitung

HEFT 255
Ing. B. v. Schlippe, Bad Nauheim
Strömung von Flüssigkeiten mit temperaturabhängiger Zähigkeit (Kühlung von Ölen)
1956, 54 Seiten, 12 Abb., 4 Tabellen, DM 11,70

HEFT 256
Prof. Dr. C. Schmieden und Dipl.-Math. K. H. Müller, Darmstadt
Die Strömung einer Quellstrecke im Halbraum — eine strenge Lösung der Navier-Stokes-Gleichungen
1956, 40 Seiten, 9 Abb., DM 8,80

HEFT 257
Prof. Dr. G. Lehmann und Dr. J. Tamm, Dortmund
Die Beeinflussung vegetativer Funktionen des Menschen durch Geräusche
in Vorbereitung

HEFT 258
Dr. H. Paul, Linz (Rhein) und Prof. Dr. O. Graf, Dortmund
Zur Frage der Unfälle im Bergbau
1956, 52 Seiten, 9 Abb., 22 Tabellen, DM 11,20

HEFT 259
Prof. Dr. W. Linke, Aachen
Strömungsvorgänge in künstlich belüfteten Räumen
1956, 52 Seiten, 37 Abb., 1 Tabelle, DM 11,80

HEFT 260
Prof. Dr. W. Kast, Freiburg (Br.), Prof. Dr. A. H. Stuart und Dipl.-Phys. H. G. Fendler, Hannover
Lichtzerstreuungsmessungen an Lösungen hochpolymerer Stoffe
in Vorbereitung

HEFT 261
Prof. Dr. W. Kast, Freiburg (Br.)
Feinstruktur-Untersuchungen an künstlichen Zellulosefasern verschiedener Herstellungsverfahren. Teil II: Der Kristallisationszustand
in Vorbereitung

HEFT 262
Dr.-Ing. W. Batel, Aachen
Untersuchungen zur Absiebung feuchter, feinkörniger Haufwerke und Schwingsieben
in Vorbereitung

HEFT 263
Prof. Dr. H. Lange und Dipl.-Phys. R. Kohlhaas, Köln
Über die Wärmeleitfähigkeit von Stählen bei hohen Temperaturen: Teil I: Literaturbericht
in Vorbereitung

HEFT 264
Prof. Dr. W. Weizel, Bonn
Durch schnelle Funkenzusammenbrüche ausgelöste Signale auf einer Leitung
1956, 26 Seiten, 4 Abb., 3 Tabellen, DM 6,10

HEFT 265
Prof. Dr. F. Micheel und Dr. R. Engel, Münster
Eine Apparatur zur elektrophoretischen Trennung von Stoffgemischen
in Vorbereitung

HEFT 266
Fliesen-Beratungsstelle Bad Godesberg-Mehlem
Güteeigenschaften keramischer Wand- und Bodenfliesen und deren Prüfmethoden
1956, 32 Seiten, DM 7,10

HEFT 267
Prof. Dr. W. Weizel und B. Brandt, Bonn
Zur Stabilität stromstarker Glimmentladungen
1956, 36 Seiten, 7 Abb., DM 8,40

HEFT 268
Prof. Dr.-Ing. G. Vogelpohl, Göttingen
Über die Tragfähigkeit von Gleitlagern und ihre Berechnung
in Vorbereitung

WESTDEUTSCHER VERLAG · KÖLN UND OPLADEN

HEFT 269
Markscheider R. Bals, Bochum
Eignung des Gebirgsankerausbaus zur Erleichterung des Streckenvortriebs im Steinkohlenbergbau
in Vorbereitung

HEFT 270
Dr. H. Krebs und Mitarbeiter, Bonn
Die Trennung von Racematen auf chromatographischem Wege
in Vorbereitung

HEFT 271
Prof. Dr.-Ing. H. Opitz und Dipl.-Ing. H. Axer, Aachen
Beeinflussung des Verschleißverhaltens bei spanenden Werkzeugen durch flüssige und gasförmige Kühlmittel und elektrische Maßnahmen
in Vorbereitung

HEFT 272
Prof. Dr. W. Fuchs und Dr. H. Dresia, Aachen
Untersuchungen über die Schnellverbrennung und Schnellvergasung fester Brennstoffe
in Vorbereitung

HEFT 273
Fa. K. W. Tacke G. m. b. H., Wuppertal-Barmen
Erfahrungen beim Verspinnen von Perlonfasern und bei der Herstellung von Trikotagen aus gesponnenem Perlon
in Vorbereitung

HEFT 274
Prof. Dr.-Ing. K. Krekeler und Dipl.-Ing. H. Verhoeven, Aachen
Qualitative Untersuchungen bei Verbindungsschweißungen mittels Lichtbogenschweißautomaten unter Verwendung von Blankdraht und Zugabe von ferromagnetischem Pulver als Umhüllung
in Vorbereitung

HEFT 275
Prof. Dr.-Ing. K. Krekeler und Dipl.-Ing. H. Verhoeven, Aachen
Qualitative Untersuchungen von Punktschweißverbindungen an Tiefzieh- und Aluminiumblechen, die nach dem Argonarc-Punktschweißverfahren hergestellt werden
in Vorbereitung

HEFT 276
Fa. E. Haage, Mülheim (Ruhr)
Entwicklungsarbeiten im Apparatebau für Laboratorien
in Vorbereitung

HEFT 277
Dr.-Ing. W. Müchler, Essen
Untersuchungen und zahlenmäßige Bestimmung der Schneideigenschaften von Messern mit besonderer Berücksichtigung rostfreier Messerstähle
in Vorbereitung

HEFT 278
Dipl.-Ing. J. Stelter und Dipl.-Ing. H. Kickert, Aachen
I. Sichtbarmachung von Ultraschallfeldern unter Verwendung photographischer Emulsionsschichten
II. Methode zur Bestimmung der wirklichen Temperaturverhältnisse in Flüssigkeiten während der Beschallung (Nach einer Diplom-Arbeit von H. Schnitzler)
in Vorbereitung

HEFT 279
Dr. F. Keune, Aachen
Der gewölbte und verwundene Tragflügel ohne Dicke in Schallnähe
in Vorbereitung

HEFT 280
Dipl.-Ing. J. Stelter und Dipl.-Ing. E. Pfende, Aachen
Über Störerscheinungen bei Schallgeschwindigkeitsmessungen mittels der Interferometermethode
in Vorbereitung

HEFT 281
Prof. Dr.-Ing. K. Lürenbaum, Aachen
Der Meßwagen des Instituts für Maschinen-Dynamik der Deutschen Versuchsanstalt für Luftfahrt, Aachen
in Vorbereitung

HEFT 282
Bergrat a. D. Scherer, Bochum
Das B.T.-Schwelverfahren und seine Anwendung auf der Anlage Marienau
in Vorbereitung

HEFT 283
Prof. Dr. F. Wever und Dr.-Ing. W. Lueg, Düsseldorf
Warmstauchversuche zur Ermittlung der Formänderungsfestigkeit von Gesenkschmiede-Stählen
in Vorbereitung

HEFT 284
Prof. Dr. F. Wever, Düsseldorf, Dr.-Ing. H. J. Wiester, Essen, Dr.-Ing. F. W. Straßburg, Duisburg, Prof. Dr.-Ing. H. Opitz, Aachen, und Dr.-Ing. K. H. Fröhlich, Köln
Einfluß des Gefüges auf die Zerspanbarkeit von Einsatz- und Vergütungsstählen
in Vorbereitung

HEFT 285
Prof. Dr.-Ing. O. Kienzle, Dr.-Ing. K. Lange, Hannover, und Dipl.-Ing. H. Meinert, Osterode
Einfluß der Oberfläche auf das Verschleißverhalten von Schmiedegesenken
in Vorbereitung

HEFT 286
Dr.-Ing. K. Lange, Hannover, Dipl.-Ing. H. Meinert, Osterode, unter Mitarbeit von Dr.-Ing. H. Arend, Mülheim (Ruhr)
Verschleißverhalten hartverchromter Schmiedegesenke
in Vorbereitung

HEFT 287
Prof. Dr.-Ing. K. Krekeler, Aachen
Änderungen der mechanischen Eigenschaftswerte thermoplastischer Kunststoffe bei Beanspruchung in verschiedenen Medien
in Vorbereitung

HEFT 288
Dr. K. Brücker-Steinkuhl, Düsseldorf
Anwendung mathematisch-statistischer Verfahren in der Industrie
in Vorbereitung

HEFT 289
Prof. Dr.-Ing. H. Winterhager, Aachen
Kombinierter Widerstands- und Lichtbogen-Vakuumofen zur Verarbeitung von Titanschwamm
Prof. Dr. Dr. h. c. R. Schwarz, Aachen
Erforschung neuer Wege zur Darstellung von Titanmetall
in Vorbereitung

HEFT 290
Dr. D. Horstmann, Düsseldorf
I. Der verstärkte Angriff des Zinks auf Eisen im Temperaturgebiet um 500° C
II. Einfluß eines Antimongehaltes auf den Angriff von Zinkschmelzen auf Eisen
in Vorbereitung

HEFT 291
Dr.-Ing. H. J. Wiester und Dr. D. Horstmann, Düsseldorf
Der Angriff eisengesättigter Zinkschmelzen auf silizium- und manganhaltiges Eisen
in Vorbereitung

HEFT 292
Dipl.-Ing. W. Rohs und Text.-Ing. H. Griese, Bielefeld
Webversuche an Leinenwebstühlen mit verbesserter Schaftbewegung
in Vorbereitung

HEFT 293
Prof. J. W. Korte, unter Mitarbeit von Dipl.-Ing. P. A. Mäcke und Dipl.-Ing. W. Leutzbach, Aachen
Die Leistungsfähigkeit von Verkehrsanlagen des motorisierten städtischen Straßenverkehrs
in Vorbereitung

HEFT 294
Dipl.-Ing. B. Naendorf, Essen
Untersuchungen industrieller Gasbrenner
in Vorbereitung

HEFT 295
Prof. Dr.-Ing. H. Opitz und Dipl.-Ing. H. Axer, Aachen
Untersuchung und Weiterentwicklung neuartiger elektrischer Bearbeitungsverfahren
in Vorbereitung

HEFT 296
Prof. Dr.-Ing. H. Opitz, Aachen
I. Untersuchungen an elektronischen Regelantrieben
II. Statistische Untersuchungen zur Ausnutzung von Drehbänken
in Vorbereitung

HEFT 297
Dr. K. Schaarwächter, Düsseldorf
Die Reduktion von Siliziumtetrachlorid im Lichtbogen zur nachfolgenden Silizierung von Eisenblechen
in Vorbereitung

HEFT 298
Prof. Dr.-Ing. E. Oehler, Aachen
Untersuchung von kritischen Drehzahlen, die durch Kreiselmomente verursacht werden
in Vorbereitung

HEFT 299
Dr. J. Fassbender und W. Hoppe, Bonn
Eine photoelektrische Nachlaufeinrichtung für Analogie-Rechenmaschinen
in Vorbereitung

HEFT 300
Prof. Dr. E. Schütz und Privatdozent Dr. H. Caspers, Münster
Tierexperimentelle Untersuchungen über die Alkoholwirkungen auf Erregbarkeit und bioelektrische Spontanaktivität der Hirnrinde
in Vorbereitung

HEFT 301
Prof. Dr. W. Weltzien, Dr. G. Cossmann und P. Diehl, Krefeld
Über die fraktionierte Füllung von Polyamiden (II)
in Vorbereitung

HEFT 302
Prof. Dr.-Ing. W. Wegener und Dipl.-Ing. Willi Zahn, Aachen
Untersuchungen von gesponnenen Garnen auf ihre Gleichmäßigkeit nach verschiedenen Meßmethoden
in Vorbereitung

HEFT 303
Prof. Dr.-Ing. S. Kiesskalt, Aachen
Das Institut der Forschungsgesellschaft Verfahrenstechnik e. V. an der Technischen Hochschule Aachen
in Vorbereitung

HEFT 304
Prof. Dr.-Ing. K. Krekeler, Düsseldorf, und Dipl.-Ing. A. Kleine-Albers, Aachen
Beitrag zur thermoelastischen Warmformbarkeit von Hart PVC
in Vorbereitung

HEFT 305
Prof. Dr.-Ing. K. Krekeler, Düsseldorf, Dr.-Ing. H. Peukert, Aachen, und Dipl.-Ing. W. Schmitz, Siegburg
Heißgas-Schweißung von Hart-Polyvinylchlorid mit Zusatzwerkstoff
in Vorbereitung

HEFT 306
Prof. Dr. B. Rensch, Münster
Elektrophysiologische Untersuchungen zur Analysierung der Bildung von Assoziationen und Gedächtnisspuren in Gehirn und Rückenmark
Prof. Dr. A. Loeser, Münster
Akute und chronische Giftwirkungen sauerstoffhaltiger Lösungsmittel
in Vorbereitung

HEFT 307
Privatdozent Dr. J. Juilfs, Krefeld
Vergleichende Untersuchungen zur elastischen und bleibenden Dehnung von Fasern
in Vorbereitung

HEFT 308
Privatdozent Dr. J. Juilfs, Krefeld
Zur Messung der Fadenglätte
in Vorbereitung

HEFT 309
Prof. Dr. K. Cruse und Mitarbeiter, Clausthal-Zellerfeld
Aufbau und Arbeitsweise eines universell verwendbaren Hochfrequenz-Titrationsgerätes
in Vorbereitung

HEFT 310
Dr. P. F. Müller, Bonn
Die Integrieranlage des Rheinisch-Westfälischen Instituts für Instrumentelle Mathematik in Bonn
in Vorbereitung

HEFT 311
Prof. Dr. F. Wever und Dr. M. Hempel, Düsseldorf
Dauerschwingfestigkeit von Stählen bei erhöhten Temperaturen
Teil I: Erkenntnisse aus bisherigen Dauerschwingversuchen in der Wärme
in Vorbereitung

HEFT 312
Prof. Dr. F. Wever und Dr. M. Hempel, Düsseldorf
Dauerschwingfestigkeit von Stählen bei erhöhten Temperaturen
Teil II: Zug-Druck-Dauerschwingversuche an zwei warmfesten Stählen bei Temperaturen von 500 bis 650°
in Vorbereitung

HEFT 313
Prof. Dr. F. Wever, Dr. W. Koch und Dipl.-Phys. H. Rohde, Düsseldorf
Änderungen des Habitus und der Gitterkonstanten des Zementits in Chromstählen bei verschiedenen Wärmebehandlungen
in Vorbereitung

WESTDEUTSCHER VERLAG · KÖLN UND OPLADEN

VERÖFFENTLICHUNGEN DER ARBEITSGEMEINSCHAFT FÜR FORSCHUNG DES LANDES NORDRHEIN-WESTFALEN

NATURWISSENSCHAFTEN

Im Auftrage des Ministerpräsidenten Fritz Steinhoff
herausgegeben von Staatssekretär Prof. Leo Brandt

HEFT 1
Prof. Dr.-Ing. Friedrich Seewald, Aachen
Neue Entwicklungen auf dem Gebiet der Antriebsmaschinen
Prof. Dr.-Ing. Friedrich A. F. Schmidt, Aachen
Technischer Stand und Zukunftsaussichten der Verbrennungsmaschinen, insbesondere der Gasturbinen
Dr.-Ing. Rudolf Friedrich, Mülheim (Ruhr)
Möglichkeiten und Voraussetzungen der industriellen Verwertung der Gasturbine
1951, 52 Seiten, 15 Abb., kartoniert, DM 2,75

HEFT 2
Prof. Dr.-Ing. Wolfgang Riezler, Bonn
Probleme der Kernphysik
Prof. Dr. Fritz Micheel, Münster
Isotope als Forschungsmittel in der Chemie und Biochemie
1951, 40 Seiten, 10 Abb., kartoniert, DM 2,40

HEFT 3
Prof. Dr. Emil Lehnartz, Münster
Der Chemismus der Muskelmaschine
Prof. Dr. Gunther Lehmann, Dortmund
Physiologische Forschung als Voraussetzung der Bestgestaltung der menschlichen Arbeit
Prof. Dr. Heinrich Kraut, Dortmund
Ernährung und Leistungsfähigkeit
1951, 60 Seiten, 35 Abb., kartoniert, DM 3,50

HEFT 4
Prof. Dr. Franz Wever, Düsseldorf
Aufgaben der Eisenforschung
Prof. Dr.-Ing. Hermann Schenck, Aachen
Entwicklungslinien des deutschen Eisenhüttenwesens
Prof. Dr.-Ing. Max Haas, Aachen
Wirtschaftliche Bedeutung der Leichtmetalle und ihre Entwicklungsmöglichkeiten
1952, 60 Seiten, 20 Abb., kartoniert, DM 3,50

HEFT 5
Prof. Dr. Walter Kikuth, Düsseldorf
Virusforschung
Prof. Dr. Rolf Danneel, Bonn
Fortschritte der Krebsforschung
Prof. Dr. Dr. Werner Schulemann, Bonn
Wirtschaftliche und organisatorische Gesichtspunkte für die Verbesserung unserer Hochschulforschung
1952, 50 Seiten, 2 Abb., kartoniert, DM 2,75

HEFT 6
Prof. Dr. Walter Weizel, Bonn
Die gegenwärtige Situation der Grundlagenforschung in der Physik
Prof. Dr. Siegfried Strugger, Münster
Das Duplikantenproblem in der Biologie
Direktor Dr. Fritz Gummert, Essen
Überlegungen zu den Faktoren Raum und Zeit im biologischen Geschehen und Möglichkeiten einer Nutzanwendung
1952, 64 Seiten, 20 Abb., kartoniert, DM 3,—

HEFT 7
Prof. Dr.-Ing. August Götte, Aachen
Steinkohle als Rohstoff und Energiequelle
Prof. Dr. Dr. E. h. Karl Ziegler, Mülheim (Ruhr)
Über Arbeiten des Max-Planck-Institutes für Kohlenforschung
1953, 66 Seiten, 4 Abb., kartoniert, DM 3,60

HEFT 8
Prof. Dr.-Ing. Wilhelm Fucks, Aachen
Die Naturwissenschaft, die Technik und der Mensch
Prof. Dr. Walther Hoffmann, Münster
Wirtschaftliche und soziologische Probleme des technischen Fortschritts
1952, 84 Seiten, 12 Abb., kartoniert, DM 4,80

HEFT 9
Prof. Dr.-Ing. Franz Bollenrath, Aachen
Zur Entwicklung warmfester Werkstoffe
Prof. Dr. Heinrich Kaiser, Dortmund
Stand spektralanalytischer Prüfverfahren und Folgerung für deutsche Verhältnisse
1952, 100 Seiten, 62 Abb., kartoniert, DM 6,—

HEFT 10
Prof. Dr. Hans Braun, Bonn
Möglichkeiten und Grenzen der Resistenzzüchtung
Prof. Dr.-Ing. Carl Heinrich Dencker, Bonn
Der Weg der Landwirtschaft von der Energieautarkie zur Fremdenergie
1952, 74 Seiten, 23 Abb., kartoniert, DM 4,30

HEFT 11
Prof. Dr.-Ing. Herwart Opitz, Aachen
Entwicklungslinien der Fertigungstechnik in der Metallbearbeitung
Prof. Dr.-Ing. Karl Krekeler, Aachen
Stand und Aussichten der schweißtechnischen Fertigungsverfahren
1952, 72 Seiten, 49 Abb., kartoniert, DM 5,—

HEFT 12
Dr. Hermann Rathert, Wuppertal-Elberfeld
Entwicklung auf dem Gebiet der Chemiefaser-Herstellung
Prof. Dr. Wilhelm Weltzien, Krefeld
Rohstoff und Veredlung in der Textilwirtschaft
1952, 84 Seiten, 29 Abb., kartoniert, DM 4,80

HEFT 13
Dr.-Ing. E. h. Karl Herz, Frankfurt a. M.
Die technischen Entwicklungstendenzen im elektrischen Nachrichtenwesen
Staatssekretär Prof. Leo Brandt, Düsseldorf
Navigation und Luftsicherung
1952, 102 Seiten, 97 Abb., kartoniert, DM 7,25

HEFT 14
Prof. Dr. Burckhardt Helferich, Bonn
Stand der Enzymchemie und ihre Bedeutung
Prof. Dr. Hugo Wilhelm Knipping, Köln
Ausschnitt aus der klinischen Carcinomforschung am Beispiel des Lungenkrebses
1952, 72 Seiten, 12 Abb., kartoniert, DM 4,30

HEFT 15
Prof. Dr. Abraham Esau †, Aachen
Ortung mit elektrischen und Ultraschallwellen in Technik und Natur
Prof. Dr.-Ing. Eugen Flegler, Aachen
Die ferromagnetischen Werkstoffe der Elektrotechnik und ihre neueste Entwicklung
1953, 84 Seiten, 25 Abb., kartoniert, DM 4,80

HEFT 16
Prof. Dr. Rudolf Seyffert, Köln
Die Problematik der Distribution
Prof. Dr. Theodor Beste, Köln
Der Leistungslohn
1952, 70 Seiten, 1 Abb., kartoniert, DM 3,50

HEFT 17
Prof. Dr.-Ing. Friedrich Seewald, Aachen
Luftfahrtforschung in Deutschland und ihre Bedeutung für die allgemeine Technik
Prof. Dr.-Ing. Edouard Houdremont, Essen
Art und Organisation der Forschung in einem Industrieforschungsinstitut der Eisenindustrie
1953, 90 Seiten, 4 Abb., kartoniert, DM 4,20

HEFT 18
Prof. Dr. Dr. Werner Schulemann, Bonn
Theorie und Praxis pharmakologischer Forschung
Prof. Dr. Wilhelm Groth, Bonn
Technische Verfahren zur Isotopentrennung
1953, 72 Seiten, 17 Abb., kartoniert, DM 4,—

HEFT 19
Dipl.-Ing. Kurt Traenckner, Essen
Entwicklungstendenzen der Gaserzeugung
1953, 26 Seiten, 12 Abb., kartoniert, DM 1,60

HEFT 20
M. Zvegintzow, London
Wissenschaftliche Forschung und die Auswertung ihrer Ergebnisse
Ziel und Tätigkeit der National Research Development Corporation
Dr. Alexander King, London
Wissenschaft und internationale Beziehungen
1954, 88 Seiten, 4 Abb., kartoniert, DM 4,20

HEFT 21
Prof. Dr. Robert Schwarz, Aachen
Wesen und Bedeutung der Silicium-Chemie
Prof. Dr. Dr. h. c. Kurt Alder, Köln
Fortschritte in der Synthese von Kohlenstoffverbindungen
1954, 76 Seiten, 49 Abb., kartoniert, DM 4,—

HEFT 21a
Prof. Dr. Dr. h. c. Otto Hahn, Göttingen
Die Bedeutung der Grundlagenforschung für die Wirtschaft
Prof. Dr. Siegfried Strugger, Münster
Die Erforschung des Wasser- und Nährsalztransportes im Pflanzenkörper mit Hilfe der fluoreszenzmikroskopischen Kinematographie
1953, 74 Seiten, 26 Abb., kartoniert, DM 5,—

HEFT 22
Prof. Dr. Johannes von Allesch, Göttingen
Die Bedeutung der Psychologie im öffentlichen Leben
Prof. Dr. Otto Graf, Dortmund
Triebfedern menschlicher Leistung
1953, 80 Seiten, 19 Abb., kartoniert, DM 4,—

HEFT 23
Prof. Dr. Dr. h. c. Bruno Kuske, Köln
Zur Problematik der wirtschaftswissenschaftlichen Raumforschung
Prof. Dr.-Ing. E. h. Stephan Prager, Düsseldorf
Städtebau und Landesplanung
1954, 84 Seiten, kartoniert, DM 3,50

HEFT 24
Prof. Dr. Rolf Danneel, Bonn
Über die Wirkungsweise der Erbfaktoren
Prof. Dr. Kurt Herzog, Krefeld
Bewegungsbedarf der menschlichen Gliedmaßengelenke bei der Berufsarbeit
1953, 76 Seiten, 18 Abb., kartoniert, DM 4,—

WESTDEUTSCHER VERLAG · KÖLN UND OPLADEN

HEFT 25
Prof. Dr. Otto Haxel, Heidelberg
Energiegewinnung aus Kernprozessen
Dr.-Ing. Dr. Max Wolf, Düsseldorf
Gegenwartsprobleme der energiewirtschaftlichen Forschung
1953, 98 Seiten, 27 Abb., kartoniert, DM 5,25

HEFT 26
Prof. Dr. Friedrich Becker, Bonn
Ultrakurzwellenstrahlung aus dem Weltraum
Dr. Hans Straßl, Bonn
Bemerkenswerte Doppelsterne und das Problem der Sternentwicklung
1954, 70 Seiten, 8 Abb., kartoniert, DM 3,60

HEFT 27
Prof. Dr. Heinrich Behnke, Münster
Der Strukturwandel der Mathematik in der ersten Hälfte des 20. Jahrhunderts
Prof. Dr. Emanuel Sperner, Hamburg
Eine mathematische Analyse der Luftdruckverteilungen in großen Gebieten
1956, 96 Seiten, 12 Abb, 5 Tab., kartoniert, DM 5,—

HEFT 28
Prof. Dr. Oskar Niemczyk, Aachen
Die Problematik gebirgsmechanischer Vorgänge im Steinkohlenbergbau
Prof. Dr. Wilhelm Ahrens, Krefeld
Die Bedeutung geologischer Forschung für die Wirtschaft, besonders in Nordrhein-Westfalen
1955, 96 Seiten, 12 Abb., kartoniert, DM 5,25

HEFT 29
Prof. Dr. Bernhard Rensch, Münster
Das Problem der Residuen bei Lernleistungen
Prof. Dr. Hermann Fink, Köln
Über Leberschäden bei der Bestimmung des biologischen Wertes verschiedener Eiweiße von Mikroorganismen
1954, 96 Seiten, 23 Abb., kartoniert, DM 5,25

HEFT 30
Prof. Dr.-Ing. Friedrich Seewald, Aachen
Forschungen auf dem Gebiete der Aerodynamik
Prof. Dr.-Ing. Karl Leist, Aachen
Einige Forschungsarbeiten aus der Gasturbinentechnik
1955, 98 Seiten, 45 Abb., kartoniert, DM 7,—

HEFT 31
Prof. Dr.-Ing. Dr. h. c. Fritz Mietzsch, Wuppertal
Chemie und wirtschaftliche Bedeutung der Sulfonamide
Prof. Dr. Dr. h. c. Gerhard Domagk, Wuppertal
Die experimentellen Grundlagen der bakteriellen Infektionen
1954, 82 Seiten, 2 Abb., kartoniert, DM 4,—

HEFT 32
Prof. Dr. Hans Braun, Bonn
Die Verschleppung von Pflanzenkrankheiten und -schädigungen über die Welt
Prof. Dr. Wilhelm Rudorf, Voldagsen
Der Beitrag von Genetik und Züchtung zur Bekämpfung von Viruskrankheiten der Nutzpflanzen
1953, 88 Seiten, 36 Abb., kartoniert, DM 5,—

HEFT 33
Prof. Dr.-Ing. Volker Aschoff, Aachen
Probleme der elektroakustischen Einkanalübertragung
Prof. Dr.-Ing. Herbert Döring, Aachen
Erzeugung und Verstärkung von Mikrowellen
1954, 74 Seiten, 23 Abb., kartoniert, DM 4,30

HEFT 34
Geheimrat Prof. Dr. Dr. Rudolf Schenck, Aachen
Bedingungen und Gang der Kohlenhydratsynthese im Licht
Prof. Dr. Emil Lehnartz, Münster
Die Endstufen des Stoffabbaues im Organismus
1954, 80 Seiten, 11 Abb., kartoniert, DM 4,20

HEFT 35
Prof. Dr.-Ing. Hermann Schenck, Aachen
Gegenwartsprobleme der Eisenindustrie in Deutschland
Prof. Dr.-Ing. Eugen Piwowarsky †, Aachen
Gelöste und ungelöste Probleme im Gießereiwesen
1954, 110 Seiten, 67 Abb., kartoniert, DM 6,50

HEFT 36
Prof. Dr. Wolfgang Riezler, Bonn
Teilchenbeschleuniger
Prof. Dr. Gerhard Schubert, Hamburg
Anwendung neuer Strahlenquellen in der Krebstherapie
1954, 104 Seiten, 43 Abb., kartoniert, DM 7,—

HEFT 37
Prof. Dr. Franz Lotze, Münster
Probleme der Gebirgsbildung
Bergwerksdirektor Bergassessor a.D. G. Rauschenbach, Essen
Die Erhaltung der Förderungskapazität des Ruhrbergbaues auf lange Sicht
in Vorbereitung

HEFT 38
Dr. E. Colin Cherry, London
Kybernetik
Prof. Dr. Erich Pietsch, Clausthal-Zellerfeld
Dokumentation und mechanisches Gedächtnis — zur Frage der Ökonomie der geistigen Arbeit
1954, 108 Seiten, 31 Abb., kartoniert, DM 5,25

HEFT 39
Dr. Heinz Haase, Hamburg
Infrarot und seine technischen Anwendungen
Prof. Dr. Abraham Esau †, Aachen
Ultraschall und seine technischen Anwendungen
1955, 80 Seiten, 25 Abb., kartoniert, DM 4,80

HEFT 40
Bergassessor Fritz Lange, Bochum-Hordel
Die wirtschaftliche und soziale Bedeutung der Silikose im Bergbau
Prof. Dr. Walter Kikuth, Düsseldorf
Die Entstehung der Silikose und ihre Verhütungsmaßnahmen
1954, 120 Seiten, 40 Abb., kartoniert, DM 7,25

HEFT 40a
Prof. Dr. Eberhard Gross, Bonn
Berufskrebs und Krebsforschung
Prof. Dr. Hugo Wilhelm Knipping, Köln
Die Situation der Krebsforschung vom Standpunkt der Klinik
1955, 88 Seiten, 31 Abb., kartoniert, DM 5,—

HEFT 41
Direktor Dr.-Ing. Gustav-Victor Lachmann, London
An einer neuen Entwicklungsschwelle im Flugzeugbau
Direktor Dr.-Ing. A. Gerber, Zürich-Oerlikon
Stand der Entwicklung der Raketen- und Lenktechnik
1955, 88 Seiten, 44 Abb., kartoniert, DM 6,—

HEFT 42
Prof. Dr. Theodor Kraus, Köln
Lokalisationsphänomene und Raumordnung vom Standpunkt der geographischen Wissenschaft
Direktor Dr. Fritz Gummert, Essen
Vom Ernährungsversuchsfeld der Kohlenstoffbiologischen Forschungsstation Essen
in Vorbereitung

HEFT 42a
Prof. Dr. Dr. h. c. Gerhard Domagk, Wuppertal
Fortschritte auf dem Gebiet der experimentellen Krebsforschung
1954, 46 Seiten, kartoniert, DM 2,—

HEFT 43
Prof. Giovanni Lampariello, Rom
Über Leben und Werk von Heinrich Hertz
Prof. Dr. Walter Weizel, Bonn
Über das Problem der Kausalität in der Physik
1955, 76 Seiten kartoniert, DM 3,30

HEFT 43a
Prof. Dr. José Mª Albareda, Madrid
Die Entwicklung der Forschung in Spanien
in Vorbereitung

HEFT 44
Prof. Dr. Burckhardt Helferich, Bonn
Über Glykoside
Prof. Dr. Fritz Micheel, Münster
Kohlenhydrat-Eiweiß-Verbindungen und ihre biochemische Bedeutung
in Vorbereitung

HEFT 45
Prof. Dr. John von Neumann, Princeton, USA
Entwicklung und Ausnutzung neuerer mathematischer Maschinen
Prof. Dr.-Ing. E. Stiefel, Zürich
Rechenautomaten im Dienste der Technik mit Beispielen aus dem Züricher Institut für angewandte Mathematik
1955, 74 Seiten, 6 Abb., kartoniert, DM 3,50

HEFT 46
Prof. Dr. Wilhelm Weltzien, Krefeld
Ausblick auf die Entwicklung synthetischer Fasern
Prof. Dr. Walther Hoffmann, Münster
Wachstumsformen der Industriewirtschaft
in Vorbereitung

HEFT 47
Staatssekretär Prof. Leo Brandt, Düsseldorf
Die praktische Förderung der Forschung in Nordrhein-Westfalen
Prof. Dr. Ludwig Raiser, Bad Godesberg
Die Förderung der angewandten Forschung durch die Deutsche Forschungsgemeinschaft
in Vorbereitung

HEFT 48
Dr. Hermann Tromp, Rom
Bestandsaufnahme der Wälder der Welt als internationale und wissenschaftliche Aufgabe
Prof. Dr. Franz Heske, Schloß Reinbek
Die Wohlfahrtswirkungen des Waldes als internationales Problem
in Vorbereitung

HEFT 49
Präsident Dr. G. Böhnecke, Hamburg
Zeitfragen der Ozeanographie
Reg.-Direktor Dr. H. Gabler, Hamburg
Nautische Technik und Schiffssicherheit
1955, 120 Seiten, 49 Abb., kartoniert, DM 7,50

HEFT 50
Prof. Dr.-Ing. Friedrich A. F. Schmidt, Aachen
Probleme der Selbstzündung und Verbrennung bei der Entwicklung der Hochleistungskraftmaschinen
Prof. Dr.-Ing. A. W. Quick, Aachen
Ein Verfahren zur Untersuchung des Austauschvorganges in verwirbelten Strömungen hinter Körpern mit abgelöster Strömung
in Vorbereitung

HEFT 51
Prof. Dr. Siegfried Strugger, Münster
Struktur, Entwicklungsgeschichte und Physiologie der Chloroplasten
Direktor Dr. J. Pätzold, Erlangen
Therapeutische Anwendung mechanischer und elektrischer Energie
in Vorbereitung

HEFT 52
Mr. Patmore, London
Lufttüchtigkeit und technische Prüfung der Flugzeuge in England
Prof. A. D. Young, Cranfield
Die Ausbildung des Ingenieurnachwuchses auf dem Luftfahrtgebiet in England
in Vorbereitung

JAHRESFEIER 1955
Prof. Dr. Josef Pieper, Münster
Über den Philosophie-Begriff Platons
Prof. Dr. Walter Weizel, Bonn
Die Mathematik und die physikalische Realität
1955, 62 Seiten, kartoniert, DM 2,90

HEFT 52a
Dr. D. C. Martin, London
Geschichte und Organisation der Royal Society
Dr. Roux, Südafrika
Probleme der wissenschaftlichen Forschung in der Südafrikanischen Union
in Vorbereitung

HEFT 53
Prof. Dr.-Ing. Georg Schnadel, Hamburg
Forschungsaufgaben zur Untersuchung der Festigkeitsprobleme im Schiffbau
Prof. Dipl.-Ing. Wilhelm Sturtzel, Duisburg
Forschungsaufgaben zur Untersuchung der Widerstandsprobleme im Schiffbau
in Vorbereitung

HEFT 53a
Prof. Giovanni Lampariello, Rom
Von Galilei zu Einstein
1956, 92 Seiten, kartoniert, DM 4,20

HEFT 54
Prof. Dr. Julius Bartels, Göttingen
Sonne und Erde — das Thema des internationalen geophysikalischen Jahres
Direktor Dr. Walter Dieminger, Lindau/Harz
Ionosphäre und drahtloser Weitverkehr
in Vorbereitung

HEFT 54a
Sir John Cockcroft, London
Die friedliche Anwendung der Kernenergie
in Vorbereitung

HEFT 55
Prof. Dr.-Ing. Fritz Schultz-Grunow, Aachen
Das Kriechen und Fließen hochzäher und plastischer Stoffe
Prof. Dr.-Ing. Hans Ebner, Aachen
Wege und Ziele der Festigkeitsforschung besonders im Hinblick auf den Leichtbau
in Vorbereitung

WESTDEUTSCHER VERLAG · KÖLN UND OPLADEN

HEFT 56
Prof. Dr. Ernst Derra, Düsseldorf
Der Entwicklungsstand der Herzchirurgie
Prof. Dr. Gunther Lehmann, Dortmund
Muskelarbeit und Muskelermüdung in Theorie und Praxis
in Vorbereitung

HEFT 57
Prof. Dr. Theodor von Kármun, Pasadena
Freiheit und Organisation in der Luftfahrtforschung
in Vorbereitung

HEFT 58
Prof. Dr. Fritz Schröter, Ulm
Neue Forschungs- und Entwicklungsrichtungen im Fernsehen
Prof. Dr. Albert Narath, Berlin
Der gegenwärtige Stand der Filmtechnik
in Vorbereitung

HEFT 59
Prof. Dr. Richard Courant, New York
Die Bedeutung der modernen mathematischen Rechenmaschinen für mathematische Probleme der Hydrodynamik und Reaktortechnik
Prof. Dr. Ernst Peschl, Bonn
Die Rolle der komplexen Zahlen in der Mathematik und die Bedeutung der komplexen Analysis
in Vorbereitung

VERÖFFENTLICHUNGEN DER ARBEITSGEMEINSCHAFT FÜR FORSCHUNG DES LANDES NORDRHEIN-WESTFALEN

GEISTESWISSENSCHAFTEN

Im Auftrage des Ministerpräsidenten Fritz Steinhoff
herausgegeben von Staatssekretär Prof. Leo Brandt

HEFT 1
Prof. Dr. Werner Richter, Bonn
Die Bedeutung der Geisteswissenschaften für die Bildung unserer Zeit
Prof. Dr. Joachim Ritter, Münster
Die aristotelische Lehre vom Ursprung und Sinn der Theorie
1953, 64 Seiten, kartoniert, DM 2,90

HEFT 2
Prof. Dr. Josef Kroll, Köln
Elysium
Prof. Dr. Günther Jachmann, Köln
Die vierte Ekloge Vergils
1953, 72 Seiten, kartoniert, DM 2,90

HEFT 3
Prof. Dr. Hans Erich Stier, Münster
Die klassische Demokratie
1954, 100 Seiten, kartoniert, DM 4,50

HEFT 4
Prof. Dr. Werner Caskel, Köln
Lihyan und Lihyanisch. Sprache und Kultur eines früharabischen Königreiches
1954, 168 Seiten, 6 Abb., kartoniert, DM 8,25

HEFT 5
Prof. Dr. Thomas Ohm, Münster
Stammesreligionen im südlichen Tanganyika-Territorium
1953, 80 Seiten, 25 Abb., kartoniert, DM 8,—

HEFT 6
Prälat Prof. Dr. Dr. h. c. Georg Schreiber, Münster
Deutsche Wissenschaftspolitik von Bismarck bis zum Atomwissenschaftler Otto Hahn
1954, 102 Seiten, 7 Bilder, kartoniert, DM 5,—

HEFT 7
Prof. Dr. Walter Holtzmann, Bonn
Das mittelalterliche Imperium und die werdenden Nationen
1953, 28 Seiten, kartoniert, DM 1,30

HEFT 8
Prof. Dr. Werner Caskel, Köln
Die Bedeutung der Beduinen in der Geschichte der Araber
1954, 44 Seiten, kartoniert, DM 2,—

HEFT 9
Prälat Prof. Dr. Dr. h. c. Georg Schreiber, Münster
Irland im deutschen und abendländischen Sakralraum

HEFT 10
Prof. Dr. Peter Rassow, Köln
Forschungen zur Reichsidee im 16. und 17. Jahrhundert
1955, 32 Seiten, kartoniert, DM 1,50

HEFT 11
Prof. Dr. Hans Erich Stier, Münster
Roms Aufstieg zur Weltherrschaft
in Vorbereitung

HEFT 12
Prof. D. Karl Heinrich Rengstorf, Münster
Mann und Frau im Urchristentum
Prof. Dr. Hermann Conrad, Bonn
Grundprobleme einer Reform des Familienrechts
1954, 106 Seiten, kartoniert, DM 4,50

HEFT 13
Prof. Dr. Max Braubach, Bonn
Der Weg zum 20. Juli 1944
1953, 48 Seiten, kartoniert, DM 2,20

HEFT 14
Prof. Dr. Paul Hübinger, Münster
Das deutsch-französische Verhältnis und seine mittelalterlichen Grundlagen
in Vorbereitung

HEFT 15
Prof. Dr. Franz Steinbach, Bonn
Der geschichtliche Weg des wirtschaftenden Menschen in die soziale Freiheit und politische Verantwortung
1954, 76 Seiten, kartoniert, DM 2,90

HEFT 16
Prof. Dr. Josef Koch, Köln
Die Ars coniecturalis des Nikolaus von Cues
1956, 56 Seiten, 2 Abb., kartoniert, DM 2,90

HEFT 17
Prof. Dr. James Conant, US-Hochkommissar für Deutschland
Staatsbürger und Wissenschaftler
Prof. D. Karl Heinrich Rengstorf, Münster
Antike und Christentum
1953, 48 Seiten, 2 Abb., kartoniert, DM 2,90

HEFT 18
Prof. Dr. Richard Alewyn, Köln
Klopstocks Publikum
in Vorbereitung

HEFT 19
Prof. Dr. Fritz Schalk, Köln
Das Lächerliche in der französischen Literatur des Ancien Régime
1954, 42 Seiten, kartoniert, DM 2,—

HEFT 20
Prof. Dr. Ludwig Raiser, Bad Godesberg
Rechtsfragen der Mitbestimmung
1954, 48 Seiten, kartoniert, DM 2,—

HEFT 21
Prof. D. Martin Noth, Bonn
Das Geschichtsverständnis der alttestamentlichen Apokalyptik
1953, 36 Seiten, kartoniert, DM 1,60

HEFT 22
Prof. Dr. Walter F. Schirmer, Bonn
Glück und Ende des Könige in Shakespeares Historien
1954, 32 Seiten, kartoniert, DM 1,50

HEFT 23
Prof. Dr. Günther Jachmann, Köln
Der homerische Schiffskatalog und die Ilias
in Vorbereitung

HEFT 24
Prof. Dr. Theodor Klauser, Bonn
Die römischen Petrustraditionen im Lichte der neuen Ausgrabungen unter der Peterskirche
in Vorbereitung

HEFT 25
Prof. Dr. Hans Peters, Köln
Die Gewaltentrennung in moderner Sicht
1955, 48 Seiten, kartoniert, DM 2,20

HEFT 26
Prof. Dr. Fritz Schalk, Köln
Calderon und die Mythologie
in Vorbereitung

HEFT 27
Prof. Dr. Josef Kroll, Köln
Vom Leben geflügelter Worte
in Vorbereitung

WESTDEUTSCHER VERLAG · KÖLN UND OPLADEN

HEFT 28
Prof. Dr. Thomas Ohm, Münster
Die Religionen in Asien
　　　1954, 50 Seiten, 4 Abb., kartoniert, DM 5,—

HEFT 29
Prof. Dr. Johann Leo Weisgerber, Bonn
Die Ordnung der Sprache im persönlichen und öffentlichen Leben
　　　1955, 64 Seiten, kartoniert, DM 2,90

HEFT 30
Prof. Dr. Werner Caskel, Köln
Entdeckungen in Arabien
　　　1954, 44 Seiten, kartoniert, DM 2,—

HEFT 31
Prof. Dr. Max Braubach, Bonn
Entstehung und Entwicklung der landesgeschichtlichen Bestrebungen und historischen Vereine im Rheinland
　　　1955, 32 Seiten, kartoniert, DM 1,60

HEFT 32
Prof. Dr. Fritz Schalk, Köln
Somnium und verwandte Wörter in den romanischen Sprachen
　　　1955, 48 Seiten, 3 Abb., kartoniert, DM 2,50

HEFT 33
Prof. Dr. Friedrich Dessauer, Frankfurt a. M.
Erbe und Zukunft des Abendlandes
　　　in Vorbereitung

HEFT 34
Prof. Dr. Thomas Ohm, Münster
Ruhe und Frömmigkeit
　　　1955, 128 Seiten, 30 Abb., kartoniert, DM 8,—

HEFT 35
Prof. Dr. Hermann Conrad, Bonn
Die mittelalterliche Besiedlung des deutschen Ostens und das Deutsche Recht
　　　1955, 40 Seiten, kartoniert, DM 2,—

HEFT 36
Prof. Dr. Hans Sckommodau, Köln
Die religiösen Dichtungen Margaretes von Navarra
　　　1955, 172 Seiten, kartoniert, DM 7,20

HEFT 37
Prof. Dr. Herbert von Einem, Bonn
Der Mainzer Kopf mit der Binde
　　　1955, 88 Seiten, 40 Abb., kartoniert, DM 6,—

HEFT 38
Prof. Dr. Joseph Höffner, Münster
Statik und Dynamik in der scholastischen Wirtschaftsethik
　　　1955, 48 Seiten, kartoniert, DM 2,20

HEFT 39
Prof. Dr. Fritz Schalk, Köln
Diderots Essai über Claudius und Nero
　　　in Vorbereitung

HEFT 40
Prof. Dr. Gerhard Kegel, Köln
Probleme des internationalen Enteignungs- und Währungsrechts
　　　in Vorbereitung

HEFT 41
Prof. Dr. Johann Leo Weisgerber, Bonn
Die Grenzen der Schrift — Der Kern der Rechtschreibreform
　　　1955, 72 Seiten, kartoniert, DM 3,25

HEFT 42
Prof. Dr. Richard Alewyn, Köln
Von der Empfindsamkeit zur Romantik
　　　in Vorbereitung

HEFT 43
Prof. Dr. Theodor Schieder, Köln
Die Probleme des Rapallo-Vertrages 1922
　　　in Vorbereitung

HEFT 44
Prof. Dr. Andreas Rumpf, Köln
Stilphasen der spätantiken Kunst
　　　in Vorbereitung

HEFT 45
Dr. Ulrich Luck, Münster
Kerygma und Tradition in der Hermeneutik Adolf Schlatters
　　　1955, 136 Seiten, kartoniert, DM 6,15

HEFT 46
Prof. Dr. Walther Holtzmann, Rom
Das Deutsche Historische Institut in Rom
Prof. Dr. Graf Wolff Metternich, Rom
Die Bibliotheca Hertziana und der Palazzo Zuccari
　　　1955, 68 Seiten, 7 Abb., kartoniert, DM 3,50

JAHRESFEIER 1955
Prof. Dr. Josef Pieper, Münster
Über den Philosophie-Begriff Platons
Prof. Dr. Walter Weizel, Bonn
Die Mathematik und die physikalische Realität
　　　1955, 62 Seiten, kartoniert, DM 2,90

HEFT 47
Prof. Dr. Harry Westermann, Münster
Person und Persönlichkeit im Zivilrecht
　　　in Vorbereitung

HEFT 48
Prof. Dr. Johann Leo Weisgerber, Bonn
Die Namen der Ubier
　　　in Vorbereitung

HEFT 49
Prof. Dr. Friedrich Karl Schumann, Münster
Mythos und Technik　　　*in Vorbereitung*

HEFT 50
Prof. Dr. Wolfgang Schöne, Hamburg
Raffaels Sixtinische Madonna
　　　in Vorbereitung

HEFT 51
Prälat Prof. Dr. Dr. h. c. Georg Schreiber, Münster
Der Bergbau in Geschichte, Ethos und Sakralkultur
　　　in Vorbereitung

HEFT 52
Prof. Dr. Hans J. Wolff, Münster
Die Rechtsgestalt der Universität
　　　in Vorbereitung

HEFT 53
Prof. Dr. Heinrich Vogt, Bonn
Schadenersatzprobleme im Verhältnis von Haftungsgrund und Schaden
　　　in Vorbereitung

HEFT 54
Prof. Dr. Max Braubach, Bonn
Der Einmarsch der deutschen Truppen in die entmilitarisierte Zone am Rhein im März 1936. Ein Beitrag zur Vorgeschichte des zweiten Weltkrieges
　　　in Vorbereitung

HEFT 55
Prof. Dr. Herbert von Einem, Bonn
Die Menschwerdung Christi des Isenheimer Altars
　　　in Vorbereitung

HEFT 56
Prof. Dr. E. J. Cohn, London
Der englische Gerichtstag
　　　in Vorbereitung

HEFT 57
Dr. Albert Wooopen, Aachen
Die Zivilehe und der Grundsatz der Unauflöslichkeit der Ehe in der Entwicklung des italienischen Zivilrechts
　　　1956, 88 Seiten, kartoniert, DM 4,—

WESTDEUTSCHER VERLAG · KÖLN UND OPLADEN

If you have any concerns about our products,
you can contact us on
ProductSafety@springernature.com

In case Publisher is established outside the EU,
the EU authorized representative is:
Springer Nature Customer Service Center GmbH
Europaplatz 3, 69115 Heidelberg, Germany

Printed by Libri Plureos GmbH
in Hamburg, Germany